YOU FOR FUTURE

Arena

Inhalt

Vorwort

„Wo muss ich hin?'
Ich schreie noch schnell in mein Handy, bevor es ausgeht. Der Akku ist alle. Mein 32. Telefonat heute wurde unsanft beendet.

Es ist 16:17 Uhr. Mein Zug von Leipzig nach Berlin geht in sechs Minuten. Von welchem Gleis, weiß ich noch nicht. Ich renne zum Schalter, frage nach, schaffe es gerade noch pünktlich zum Bahnsteig; der ICE, mit dem ich nach Berlin zum wöchentlichen Organisationstreffen zurückfahren muss, steht noch da. Ich springe rein, die Türen schließen, Abfahrt. Als ich mein Handy an die Steckdose im ICE anschließe, atme ich auf: nur vier verpasste Anrufe.

Ich heiße Franziska und bin 16 Jahre alt. Und solche Situationen gehören inzwischen zu meinem Alltag. Denn mein Terminkalender ist voll. Manchmal zu voll. Vor einem halben Jahr war das noch anders: Ich war eine „normale Schülerin", ziemlich gut in der Schule, viel mit Freunden unterwegs oder auf dem Ponyhof. Der 11. Januar 2019 änderte vieles.

Es war einer der **ersten Klimastreikfreitage** in Berlin.

Ich ging im Januar erstmals zum Klimastreik, damals eine meiner ersten Demonstrationen, heute nur eine der gefühlt Tausenden. An diesem Tag beschloss ich am Abend, dass die alleinige und einmalige Teilnahme am Schulstreik nicht ausreicht: Seither engagiere ich mich bei Fridays for Future, organisiere Streiks und Demonstrationen in Berlin, aber auch in ganz Deutschland, trete bei Diskussionsveranstaltungen auf, debattiere mit Politikern, führe Gespräche mit Medien und stehe in ständigem Austausch mit anderen Aktivisti der Klimaschutzbewegung.

Dieses Buch habe ich gemeinsam mit meinem Vater geschrieben.

Und dieser Vater bin ich, Günther Wessel. Ich arbeite als Journalist, lebe mit Franziska und ihrem älteren Bruder Jakob in Berlin (okay, Jakob ist wegen seines Studiums fast ausgezogen) und bin froh über Franzis Engagement. Und sie ist froh, dass ich sie unterstütze, wenn es geht – manchmal ist sie auch nicht froh, weil sie schon sehr genau weiß, was zu tun ist. Und was sie tun möchte. Und niemanden will, der ihr da reinredet.

In den letzten Monaten ist viel passiert: Fast aus dem Nichts heraus ist dank einer Person, der sich dann viele anschlossen, die größte Klimaschutzbewegung entstanden, die unsere Erde je gesehen hat. **Fridays for Future.** Eine Bewegung, die fordert, dass endlich gehandelt wird. Nicht nur in Deutschland gibt es seitdem eine Debatte über verpasste Klimaschutzziele und was nötig wäre, sie wenigstens ansatzweise doch noch zu erreichen. Und dank Fridays for Future wird die Klimakrise auch endlich als das wahrgenommen, was sie ist:

die momentan größte Bedrohung

für unser aller Zukunft.

Guckt man genauer hin, sieht man eine Fülle politischer Bewegungen. In Bayern gab es einen erfolgreichen Volksentscheid zur Bienenrettung, es gibt ein großes Bündnis #unteilbar, das sich für Gleichheit und soziale Rechte einsetzt, für Solidarität statt Ausgrenzung, für eine offene und freie Gesellschaft. **240.000 Menschen** folgten im Oktober 2018 in Berlin diesem Aufruf und gingen auf die Straße. Klimaschutz, Solidarität, Gleichberechtigung oder Umweltfragen – das sind Themen, die uns heute bewegen. Oder auch die Seenotrettung, damit an den Grenzen unseres Kontinents nicht noch mehr Menschen

ertrinken. Manche Bewegungen sind groß und schnell gewachsen, andere eher kleinere Initiativen. Nichtsdestotrotz sind sie sehr wichtig. Sie alle tragen den Keim der Veränderung in sich. Die Band „Die Ärzte" textete es so:

> „Es ist nicht deine Schuld, dass die Welt ist, wie sie ist, es wär nur deine Schuld, wenn sie so bleibt."

Denn eines ist uns spätestens seit Fridays for Future und auch in den intensiven Gesprächen mit Jakob klar geworden:

Veränderungen gehen selten von den Eltern aus, meist von der Jugend.

Meist – oder sogar immer?

Der Schweizer Mediziner Remo H. Largo sagt:

> **„Die Jugend ist der moralische Jungbrunnen der Gesellschaft."**

Ein toller Satz, aber auch einer, der einen unter großen Druck setzen kann. Trotzdem: Er stimmt schon. Zum Erwachsenwerden gehört nämlich oft das Einüben von Entschuldigungen, warum man so und nicht anders handelt. Dass man unbedingt ein Auto braucht, weil … Dass man **ja** nichts überstürzen dürfe beim Kampf gegen den Klimawandel … Dass alles so kompliziert sei … Dass man doch auch an die Wirtschaft denken müsse … Dass man … – Beispiele finden sich massenweise.

Man kann natürlich so lange über die möglichen Folgen einer Handlung nachdenken, bis man glaubt, dass die Handlung falsch ist. Obwohl es – moralisch gesehen – ganz eindeutig ist, dass man handeln muss. Ein Beispiel mag das erklären: Bei der Seenotrettung im Mittelmeer ist eigentlich klar, was moralisch richtig ist: die Menschen, die vielleicht ertrinken oder auf offener See verdursten, zu retten. Nun gibt es zahlreiche Argumente, die dagegen sprechen können (jedenfalls aus Sicht derjenigen, die diese Seenotrettung ablehnen): dass die Rettung auf dem Mittelmeer mehr Menschen dazu bringen würde, ihre Heimat zu verlassen und zu uns zu kommen – die Reise sei dadurch nicht mehr so riskant. Dass wir nicht alle aufnehmen können. Dass es ja nicht alles echte Flüchtlinge seien, die vor Krieg oder Unterdrückung fliehen würden, sondern oft nur Menschen, die aus wirtschaftlichen Gründen kämen. Hunger sei aber nun mal kein Asylgrund.

Für uns beide zumindest sind diese Argumente alle nicht überzeugend: Sollen wir lieber den Tod von vielen Menschen in Kauf nehmen, als das vage Risiko einzugehen, dass noch mehr Menschen an Europas Grenze stehen könnten? Wägt man die Folgen einer Handlung ab, ist es doch klar, was man tun muss.

Achtung: Hier wird es jetzt etwas theoretisch, aber vielleicht ist es trotzdem interessant: Als bloße Gesinnungsethik würde manch ein Politiker, manch eine Politikerin unsere Haltung bezeichnen. Sie aber stünden in der Verantwortung, die Zukunft zu bedenken. Und aus der Verantwortungsethik heraus müssten sie Seenotrettung ablehnen.

Das Begriffspaar Gesinnungsethik und Verantwortungsethik geht auf den deutschen Sozialwissenschaftler **Max Weber (1864–1920)** zurück.

Ein Beispiel: Darf man Menschen töten? Gesinnungsethisch würde man das immer verneinen, verantwortungsethisch betrachtet man aber die Umstände genauer: wen und wann? Einen Diktator beispielsweise, um Schlimmeres zu verhindern?

Gesinnungsethik und Verantwortungsethik schließen sich nicht aus. Denn alle verantwortungsvollen oder guten Politiker und Politikerinnen folgen bestimmten Idealen. Die Frage ist nun, ob sie, um diese zu erreichen, eher einer Verantwortungsethik (die Folgen des Handelns bedenken) oder einer Gesinnungsethik (das moralisch Richtige tun) folgen sollten. Weber beantwortet die Frage nicht, auch weil er die Positionen nicht als unvereinbar ansieht. Für ihn muss man im politischen Prozess immer wieder herausfinden, inwieweit man seiner Gesinnung oder aber der Verantwortung folgt. Ist es wichtiger, moralisch richtig zu handeln oder die Konsequenzen der Entscheidung zu bedenken?

Manchmal führt genau dieses Abwägen zum Nichtstun. Die Klimakrise ist ein Beispiel dafür: Seit Jahrzehnten weiß man davon, und gehandelt hat man wenig. Immer war etwas anderes wichtiger: dass genug Autos gebaut und verkauft werden und zuletzt noch, dass 40.000 Arbeitsplätze in der Kohleindustrie subventioniert und dadurch erhalten werden (dabei hat man einige Jahre zuvor die Subventionen für die Solarindustrie gestrichen und damit 80.000 Arbeitsplätze vernichtet).

Als die Kohlekommission der Bundesregierung im Frühjahr 2019 ihren Bericht vorlegte, in dem stand, dass man erst 2038 die letzten Kohlekraftwerke abschalten wolle (was nach Meinung der allermeisten Experten viel zu spät ist), habe ich, Franziska, nur gedacht:

> „Sorry, aber das Durchschnittsalter dieser Kommission liegt bei 57 Jahren. Warum sollen die über eine, nämlich unsere **Zukunft** entscheiden, die sie nicht mehr erleben werden?"

Ich, Günther, der ich auch nicht jünger bin als viele Mitglieder dieser Kommission, finde, dass das ein gemeines Argument ist. Aber es ist eines, das sticht. Genau wie das Argument, dass viele Jugendliche mehr Durchblick in politischen Fragen haben als manch ein Rentner, manch eine Rentnerin – sie aber im Unterschied zu diesen nicht wählen dürfen. Im Kern heißt das ja nichts anderes als:

> **„ Es ist unsere Zukunft, über die ihr entscheidet. Wann haben wir endlich das Recht mitzuentscheiden über das, was morgen geschieht? "**

Auch wenn Jugendliche noch nicht wählen dürfen, haben viele sich entschieden, sich einzumischen. Ihrer Stimme Gehör zu verschaffen, ihre Meinung zu äußern und zu versuchen, die Zukunft mitzugestalten. So, wie zahlreiche andere Jugendliche weltweit.

DU kannst die WELT verändern!

Wir wollen in diesem Buch ein paar von ihnen vorstellen. Ein paar Bewegungen, in denen Menschen die Welt verbessern wollen. Ein paar Tipps dazu geben, wie Veränderungen erreicht werden können. Anhand von erfolgreichen Beispielen. Wo man sich was abgucken kann, was man tun und was man besser lassen sollte. Warum man langen Atem braucht. Und wir wollen Gespräche anregen – zwischen Jugendlichen und Erwachsenen. Darüber, warum Engagement so wichtig ist, warum es Kraft verleiht, auch wenn es mitunter welche kostet.

Der vielleicht wichtigste Tipp hier schon mal vorweg: Denk daran, dass **DU** wichtig bist.

Nicht nur berühmte und gefeierte Menschen wie Mahatma Gandhi, Marie Curie, Albert Einstein, Bertha von Suttner oder Nelson Mandela haben Einfluss auf die Geschicke der Welt. Auch du hast es. Auch du kannst dich einmischen und so handeln, dass die Welt besser und schöner wird.

„ Inzwischen renne ich von Termin zu Termin, um dann zwischendrin in der S-Bahn einige Mails zu beantworten. Wenn mein altes Handy mit der müden Batterie mitspielt. Heute früh habe ich erst eine Prüfung in der Schule geschrieben, danach ging es zu der Veranstaltung nach Leipzig und jetzt wieder zurück. Abends findet noch ein Treffen mit den anderen Aktiven statt, und nachts, vor dem Schlafen, werde ich die wichtigsten Mails beantworten.
Ein normaler Tag. "

"Hört sich stressig an, Franzi."

"War's auch!"

"War es denn ein guter Tag?"

"Ja!"

Und es werden noch viele gute Tage folgen.

Warum wir etwas tun müssen

> **Es ist nicht deine Schuld, dass die Welt ist, wie sie ist.**
> **Es ist nur deine Schuld, wenn sie so bleibt.**
> **Weil jeder, der die Welt nicht ändern will, ihr Todesurteil unterschreibt.**
>
> **(Die Ärzte)**

Alter Songtext. „Die Ärzte", 2004. Deine Schuld.

Wir wissen schon lange, dass unsere Art zu leben unser Leben selbst bedroht. Seit knapp 50 Jahren warnen uns Forschung und Wissenschaft, dass wir langsam, aber sicher die Welt zerstören, auf der wir leben. Passiert ist seither – nicht viel.

Warnungen, Mahnung, Vorschläge

Schauen wir zum Beispiel auf den Straßenverkehr: Als Günther so alt war, wie Franziska heute ist, also im Jahr 1974, gab es in Deutschland etwa 15–16 Millionen privater Autos. Inzwischen tummeln sich 46 Millionen privater Autos auf Deutschlands Straßen. Das sind dreimal so viele wie vor 45 Jahren. Und es werden immer noch mehr und immer noch größere. Dabei ist Deutschland in dieser Zeit nicht dreimal so groß geworden. Es wurde nur immer mehr mit Straßen zugebaut.

Im Berufsverkehr sitzen durchschnittlich weniger als 1,1 Personen in einem Auto – warum diese Autos vier bis sieben Sitze haben, ist da nicht einfach zu erklären. Und auch nicht, warum man 300 PS braucht, um sonntags Brötchen zu kaufen.

Das ist nicht schön. Es ist auch nicht schön, dass man heute auf fast keiner Straße mehr spielen kann. Dass sich vor Grundschulen am

Morgen die Autos knubbeln, wenn alle Eltern ihre Kinder dorthin bringen, weil es zu gefährlich ist, die Kinder allein mit dem Rad zur Schule fahren zu lassen. Die Begründung, warum es gefährlich ist, ist interessant – weil es nämlich zu viele Autos gibt.

Merke:
Zu viel sind immer
die Autos der anderen,
nie die eigenen.

Es ist nicht schön, dass man bei Wanderungen in Deutschland gefühlt alle 15 Kilometer auf eine Autobahn trifft, dass wundervolle Landschaften durch Autobahnbrücken zerschnitten werden (wie es im Tal der Mosel passiert), dass Städte unter Feinstaubbelastung und Lärm leiden. Allein das deutsche Autobahnnetz umfasst heute 13.009 Kilometer, was nicht ganz der Strecke von Lissabon (Portugal) nach Wladiwostok (Russland) entspricht. Das ist knapp ein Drittel des Erdumfangs.

Man kann natürlich auch so tun, als sei das ein Naturgesetz: viele Straßen und viele Autos. Die Menschen wollen das eben so, ist die Antwort, die man dann gern hört. Oder: Wir können doch den Menschen nicht das Autofahren verbieten. Oder: Die Menschen brauchen ihre Autos.

Aber Autos fallen nicht vom Himmel, Autos werden gebaut und gekauft. Straßen werden gebaut, Brücken auch. Und es ist eine Entscheidung, sich ein Auto zu kaufen, genau wie es eine Entscheidung war, hier eine Autobahn zu bauen oder dort eine Schnellstraße. Und dort **keinen** Bus fahren zu lassen, **keinen** Radweg zu planen, **keine** Eisenbahnschienen verlegen zu lassen. All das sind Entscheidungen, die irgendwann gefallen sind. Das Schöne an solchen Entscheidungen ist: Man kann sie, wenn man will, auch rückgängig machen. Sie sind nicht unveränderlich.

Die Welt muss nicht so bleiben, wie sie ist.

Doch wir Menschen haben eine Tendenz: wenn etwas lange funktioniert hat, einfach genau so weiterzumachen. Gut ist das nicht, aber leicht zu erklären – es ist schließlich bequem.

„ Das haben wir schon immer so gemacht! "

So heißt die Standardformel, die man auch abgeleitet als „Das weiß man doch" kennt. In der Politik gibt es dazu noch das „TINA-Prinzip". TINA stammt aus der Zeit, als Margaret Thatcher Premierministerin von Großbritannien war. Ist lange her, das war von 1979 bis 1990, aber das TINA-Prinzip hat sich leider seitdem gehalten. TINA ist eine Abkürzung für den von ihr oft verwendeten Satz: There is no alternative – es gibt keine Alternative. Im Kern heißt das, dass es nur eine Lösung gibt, dass die Politik nur noch unser System verwaltet, alles ist mehr oder weniger vorherbestimmt. Oft wurde der Satz auch gebraucht, um zu große soziale oder ökologische Verbesserungen abzuwehren. Im Kern bedeutet er aber auch: Wir können die Welt nicht verändern.

> „Glaub keinem, der dir sagt, dass du **nichts** verändern kannst – die, die das behaupten, haben nur vor der Veränderung **Angst**." (Die Ärzte)

Das waren noch einmal „Die Ärzte". Wenn das tatsächlich so wäre, wenn man nichts verändern könnte, wäre das für die Demokratie natürlich fürchterlich. Denn das hieße ja, dass man die Demokratie nicht braucht, dass man nicht darüber streiten kann und muss, wie sich eine Gesellschaft entwickeln soll. Und was man dafür tun kann. Das ist giftig, antipolitisch und stellt uns Menschen als bloße Herde dar, die von wenigen anderen, die es angeblich aus irgendwelchen Gründen besser wissen, regiert werden müssen. Die einfach über uns bestimmen.

Dass man die Welt verändern kann, ist keine neumodische Erfindung. Durch alle Jahrhunderte gab es Menschen, die sich gegen Unrecht aufgelehnt haben. Schaut mal im Internet nach den üblichen Verdächtigen: Spartacus, der die Sklaven im alten Rom bei ihrem Aufstand anführte, Thomas Müntzer, Bauernführer in der Reformationszeit, Georg Büchner, Schriftsteller im 19. Jahrhundert. Und wenn ihr euch dafür interessiert: Es finden sich noch unzählige Weitere, die mehr oder weniger bekannt sind.

Dabei ist eines wichtig: Der deutsche Philosoph Immanuel Kant hat 1784 einen Satz des römischen Dichters Horaz übersetzt. „Sapere aude" hieß der, und Kant übertrug ihn so:

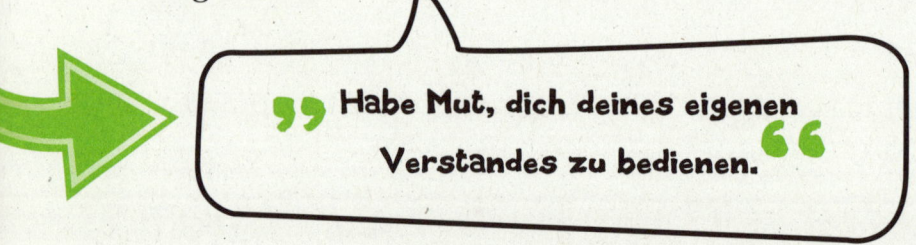

„ **Habe Mut, dich deines eigenen Verstandes zu bedienen.** "

Kant läutete damit die Aufklärung ein, das Zeitalter, in dem man begann, wieder mehr auf die Kraft der Vernunft zu setzen. Mit Vernunft wollte man damals Vorurteile überwinden und Bildung, Bürgerrechte oder allgemeine Menschenrechte durchsetzen.

Immanuel Kant (1724–1804) war einer der wichtigsten deutschen Philosophen der Neuzeit. Aus seinem Aufsatz „Was ist Aufklärung" vom Dezember 1784 stammt die Übersetzung des „Sapere aude". Hier der Textzusammenhang: „Aufklärung ist der Ausgang des Menschen aus seiner selbst verschuldeten Unmündigkeit. Unmündigkeit ist das Unvermögen, sich seines Verstandes ohne Leitung eines anderen zu bedienen. Selbst verschuldet ist diese Unmündigkeit, wenn die Ursache derselben nicht am Mangel des Verstandes, sondern der Entschließung und des Muthes liegt, sich seiner ohne Leitung eines anderen zu bedienen." „Sapere aude! – Habe Muth, dich deines eigenen Verstandes zu bedienen!" ist also der Wahlspruch der Aufklärung.

Viele Philosophen haben sich mit Kant und dessen Ideen beschäftigt. Einer war **Hans Jonas (1903–1993),** der 1979 sein Buch „Das Prinzip Verantwortung" veröffentlichte – ein immer noch hochaktuelles Werk. In ihm entwickelt er den ökologischen Imperativ: „Handle so, daß die Wirkungen deiner Handlung verträglich sind mit der Permanenz echten menschlichen Lebens auf Erden." Sprich: „Tu nichts, was das Leben der Menschen auf der Erde gefährdet."

Aber warum braucht man Mut, um seinen Verstand zu nutzen? Warum ist das eigene Denken ein Wagnis?

Na ja, da kann dann einiges passieren: weil man vielleicht erkennt, dass das, was man bisher gemacht hat, nicht so richtig toll ist. Oder man sieht, dass Menschen, die man respektiert und liebt, einem etwas beigebracht haben, was nicht wirklich gut ist. Weil vielleicht das eigene Weltbild erschüttert wird. Weil sich herausstellt, dass es Alternativen gibt, weil man merkt, dass der Satz „Das haben wir schon immer so gemacht" keine gute Richtschnur fürs Handeln ist.

Nicht zuletzt ist Nachdenken Arbeit.

Weil man schließlich nicht unbedingt anders **denkt** als vorher, sich aber vielleicht irgendwann dazu entschließt, anders zu **handeln.** Statt also das zu tun, was bequem ist, das zu tun, was richtig ist. Sich engagieren, etwas ins Rollen bringen.

Durch Nachdenken überprüft man also sein eigenes Verhalten und erkennt vielleicht, dass man etwas ändern muss. Was nicht immer einfach ist. Denn was soll man machen, wenn man zwar weiß, dass Autofahren schlecht ist, es aber regnet und es zwei Kilometer bis zum Sportplatz oder Reitverein sind? Die berühmte Ausnahme zulassen und sich fahren lassen? Oder sich doch aufs Rad setzen? Das wäre einfacher, wüsste man bloß nicht über die Klimakrise Bescheid. Wenn man zum Beispiel die Folgen einer Handlung nicht voraussehen kann. Man ist dann unschuldiger und kann sich bequem fahren lassen oder ohne nachzudenken in den Urlaub fliegen.

Der amerikanische Schriftsteller Jonathan Safran Foer zitiert in seinem Buch „Wir sind das Klima" eine Rede des damaligen Präsidenten Franklin D. Roosevelt während des Zweiten Weltkriegs: Der sagte, dass man, um die Truppen, die in Europa für die Freiheit der Welt kämpften, zu unterstützen, auf vieles verzichten müsse. Nicht nur auf Luxus, sondern auch auf viele kleinere Annehmlichkeiten. Doch das sei kein „Opfer":

> **"Wenn wir am Ende dieses großen Kampfes unsere freiheitliche Art zu leben gerettet haben, wird das alles kein ‚Opfer' gewesen sein."**

Die Regierung erhöhte radikal die Steuern, die Preise für Fahrräder, Schuhe, Feuerholz und anderes wurden staatlich festgelegt, Benzin wurde streng reguliert und die Höchstgeschwindigkeit auf 35 Meilen (56 Stundenkilometer auch auf Autobahnen) festgelegt, um Treibstoff und Gummi zu sparen. All das funktionierte, weil man sich einig in der Erreichung eines großen Ziels war.

So verlangt das Denken mitunter auch persönliche Konsequenzen.

Wir sind zwar nicht der Meinung, dass man, wenn man sich gegen den Klimawandel engagiert, nie, nie, nie, nie mehr fliegen, Auto fahren oder Plastiktüten benutzen darf. Wir möchten Leuten nichts verbieten oder ihnen ihr Handeln vorschreiben – es geht darum, die Konsequenzen abzuwägen. Zu verstehen, ob sich das Wochenende auf Mallorca lohnt, wenn man dafür Massen an CO_2 ausstößt. Vielleicht fliegt man ein erstes Mal und auch ein zweites Mal, vielleicht lernt man dann aber etwas. Wir hätten gern, dass sich die Kosten für die Umweltschäden beispielsweise im Preis eines Flugtickets niederschlagen – also vielleicht mit 180 Euro je Tonne CO_2, wie Fridays for Future fordert. Das würde den Hin- und Rückflug von Berlin nach Palma de Mallorca um 128 Euro verteuern. Und vielleicht würden viele Menschen dann nicht mehr so gedankenlos durch die Gegend fliegen.

Die Gedankenlosigkeit ist vielleicht ein Grund, warum viele Menschen den Klimawandel oder Umweltfragen oder andere politische Probleme nicht ernst genug nehmen.

Oder das, was man mit dem Fachausdruck **Kognitive Dissonanz** bezeichnet. Die entsteht, wenn zwei Bedürfnisse oder Gewissheiten oder Informationen sich widersprechen. Zum Beispiel: Ich fahre Auto. Das ist schlecht für die Umwelt, und die will ich eigentlich schützen. Gleichzeitig macht mir Autofahren Spaß. Oder: Ich rauche. Ich weiß aber auch, dass Rauchen meiner Gesundheit schadet. Dann entsteht ein Widerspruch, die berühmte Dissonanz. Kognitiv, weil es um das Wissen geht. Schließlich passt das alles nicht zusammen. Und dann muss man irgendetwas tun; entweder muss man sein Verhalten ändern, also mit dem Autofahren oder dem Rauchen aufhören, oder man muss seine Kognition, sein Wissen, anpassen. Sprich, sich sagen: Na ja, vielleicht ist das Autofahren ja doch nicht so schlimm. Oder: Vielleicht schadet mir das Rauchen gar nicht so sehr – ich mache ja Sport.

Das ist dann eben so eine Rechtfertigung, damit man sein Verhalten nicht ändern muss – also weiter Auto fahren kann. Oder rauchen.

Gefährlich, das Denken. Verlangt eben Mut.

Weil es auch Mut verlangt, aufzustehen und etwas zu sagen, wenn einen etwas stört. Öffentlich. Das ist eine Herausforderung, denn es wird immer Menschen geben, denen das nicht gefällt. Und die sind nicht immer fair. Sie lachen einen vielleicht aus, stellen einen als ahnungslos und dumm hin oder reagieren mit persönlichen Beschimpfungen.

Aber diese Herausforderung hat auch Vorteile: Man lernt, Argumente abzuwägen, man lernt, mit Mut für Überzeugungen einzustehen; man gewinnt immer größere Sicherheit – dadurch, dass die eigenen Überzeugungen wachsen und in der Debatte immer wieder überprüft und eventuell bestätigt werden. Eine Sicherheit schließlich, die auch das Vertrauen in die eigene Person stärkt. Dass es richtig ist, was man denkt und wie man handelt und sich das nicht einfach so ergibt. „Wage es, dich deines eigenen Verstandes zu bedienen." Und daraus folgend:

Wage es, deine Überzeugungen zu vertreten. Dich einzumischen.

Es gibt Lehrer und Lehrerinnen, die werfen ihren Schülern vor, dass diese immer alles ausdiskutieren wollen. Nun kann man das einerseits verstehen – manchmal nervt es, wenn man ständig und über alles und jedes diskutieren muss. Aber im Kern finden wir, dass diese Lehrer irgendetwas falsch verstehen:

Jugendliche, die Fragen stellen, die nicht alles schlucken, das sollte das Ziel eines jeden Unterrichts sein.

Und schaut man auf unsere Gesellschaft, gibt es genug Punkte, an denen man sich einmischen kann und sollte. Es gibt so viele Dinge, die nicht richtig sind, nicht so sind, wie sie sein sollten. Unsere Städte stehen vor dem Verkehrskollaps, und die Autoindustrie manipuliert fröhlich Abgaswerte. Politiker und Politikerinnen leugnen **die Klimakrise** oder schieben Argumente vor, warum man daran nichts ändern könne, obwohl sie sich in zahlreichen Verträgen genau dazu verpflichtet haben. Die **Zerstörung der Tropenwälder** geht weiter, damit dort

Soja angebaut werden kann, das wir an unsere Masttiere verfüttern. Nur damit das Schweinekotelett oder Rinderfilet jeden Tag dick und breit und billig auf unserem Teller liegen kann. Jeder und jede Deutsche isst durchschnittlich 60 Kilo Fleisch im Jahr (was nebenbei bemerkt doppelt so viel ist, wie es gesund wäre) – alle zahnlosen Babys und Vegetarier und Vegetarierinnen eingerechnet. Es muss da draußen also Menschen geben, die weit über 60 Kilo im Jahr vertilgen. Vor Kurzem begegnete uns ein Mensch, der trug stolz ein schwarzes T-Shirt, auf dem in weißer Schrift stand: „Rinderfilet krümelt nicht". Was lustig gemeint ist, was wir aber, bedenkt man die sozialen, gesundheitlichen und klimatischen Folgen unseres Fleischkonsums, nur sehr bedingt lustig finden. **Wir verseuchen unsere Landschaft** und unser Trinkwasser mit Gülle aus der Tiermast und giftigen Spritzmitteln, wir bauen überall gigantische Auslieferungshallen und Gewerbegebiete, voller gleich aussehender Schnellimbisse, Shopping-Malls und Baumärkte.

Etwa 2,5 Erden bräuchten wir für unsere Lebensweise.

Tendenz leider immer noch steigend.

Und mehr: Unsere Industrien exportieren Waffen in alle Welt, die auf Umwegen auch in Krisengebiete gelangen, von wo dann die Menschen nach Europa zu flüchten versuchen. Nicht wenige ertrinken dabei im Mittelmeer, weil wir uns weigern, sie aufzunehmen, und sie deshalb keine andere Chance sehen, als sich Schleppern auszuliefern, die versprechen, sie für ihr letztes Geld nach Europa zu bringen.

Oft kann man hören: Das geht uns nichts an, dafür sind wir nicht verantwortlich. Aber ist das wirklich so?

Von dem australischen Moralphilosophen Peter Singer stammt dieses Gedankenexperiment: Bei einem Spaziergang an einem Teich sehen wir, wie ein Kind dort hineinfällt und zu ertrinken droht. Was machen wir? Ohne nachzudenken, springen wir hinein und versuchen, das Kind zu retten. Eine normale Handlung, selbst wenn wir uns dabei unsere neue Hose ruinieren. Trotzdem handeln wir einfach. Wir denken nicht darüber nach, ob die Hose mehr wert ist als das Kind. Kaum jemand würde sagen, dass er oder sie das nicht täte. Wir sehen die Not und handeln sofort. Nun folgt aber Singers Frage: Was unterscheidet das Kind, das vor unseren Augen zu ertrinken droht, von einem Kind, das irgendwo in Afrika, Asien oder sonst wo in der Welt verhungert? Warum handeln wir in dem einen Moment unmittelbar und bei größerer Entfernung überhaupt nicht? „Aus den Augen, aus dem Sinn", könnte man sagen, aber das ist allenfalls eine Begründung, kein Argument. Genau wie das, dass man am Teich vielleicht der oder die Einzige ist, der oder die eingreifen kann. Gibt es einen Unterschied, der moralisch relevant ist, warum wir bei dem vor unseren Augen ertrinkenden Kind eingreifen, bei dem verhungernden in Afrika aber nicht? Zumal unsere Welt ja heute zu einem globalen Dorf geschrumpft ist und alle Lebensbeziehungen der Menschen durch die globalisierte Wirtschaftswelt und den globalen Informationsaustausch miteinander verknüpft sind.

Schwierig? Ja. Aber das heißt nicht, dass man sich diese Frage nicht stellen sollte.

Oft handelt man ja auch, ohne sich Fragen zu stellen. Wie bei dem Kind, das vor den eigenen Augen zu ertrinken droht. Und wenn man dann gehandelt hat, kommt es einem komisch vor, dass man überhaupt darüber hätte nachdenken können, so normal erscheint es einem. Man kann sich selbst motivieren, etwas zu tun, man kann auch sofort etwas tun – und daraus entwickelt sich dann eine zusätzliche Motivation. Ich helfe nicht, um mich gut zu fühlen, aber ich fühle mich gut, wenn ich jemandem geholfen habe.

> **Du musst nicht akzeptieren, was dir überhaupt nicht passt – wenn du deinen Kopf nicht nur zum Tragen einer Mütze hast.** (Die Ärzte)

Frage dich, was du in dieser Gesellschaft anders haben möchtest. Was sich ändern sollte, wo dein Leben nicht mit dem übereinstimmt, wie es deiner Meinung nach sein sollte. **Du bist der Experte für dich selbst.** Findest du die Schule gut – so, wie sie ist? Ist es fair, dass es manchen Kindern egal sein kann, wenn dauernd Unterricht ausfällt, weil ihre Eltern Nachhilfeunterricht bezahlen können? Ist es nicht **überhaupt** eine Katastrophe, dass dauernd Unterricht ausfällt (auch wenn es mitunter schön sein kann)? Ist es gerecht, dass ein Auto mit einer Person etwa zehnmal so viel Platz auf der Straße einnimmt wie ein Radfahrer? Dass Radfahrer und Fußgänger den Autos ständig Vorrang gewähren müssen? Dass die Ampel eine Minute Grün für Autos zeigt, aber nur

15 Sekunden für Fußgänger? Ist es okay, dass Bahnfahren teurer ist als Fliegen, obwohl es die Umwelt schont? Dass du mit 16 Jahren zwar Bier trinken, aber nicht wählen darfst? Dass Frauen im gleichen Job oft weniger verdienen als Männer? Dass Männer eher Karriere machen? Dass manche Menschen 1.000-mal so viel verdienen wie andere – oder sogar noch mehr? Dass die einen viel erben, die anderen für wenig Geld viel arbeiten? Ist es gut, wie Nutztiere gehalten und geschlachtet werden? Und warum zahlen manche Unternehmen trotz riesiger Gewinne keine oder lächerlich wenig Steuern?

Du siehst, es gibt viele Fragen, und wenn man einmal anfängt, welche zu stellen, fallen einem sofort weitere ein. Kein Grund zu verzweifeln – such dir eine aus, die dich am meisten interessiert und bei der du denkst, dass du am meisten bewegen kannst. Und lass dir dann nicht reinreden, diese Frage, dieses Thema sei im Vergleich zu anderen unwichtig – das ist es nämlich nicht, es ist DIR wichtig. Und da kann es auch um den Sportverein gehen. Auch dort kann man sich engagieren.

So, und jetzt widersprechen wir uns direkt selbst: Es gibt natürlich Themen, die wichtiger sind als andere. Klimaschutz ist eines, Demokratieverteidigung ein anderes, Rassismus ein drittes. Denn das sind eben Überlebensfragen. Für uns und unser Miteinander. (Das soll dich aber bitte nicht davon abhalten, dich im Sportverein zu engagieren!)

Engagement ist mitunter mühsam, es verleiht aber auch Kraft. Franziska:

,,Wenn man mir vor einem Jahr erzählt hätte, dass ich heute Demonstrationen mit Hunderttausenden Menschen organisiere, hätte ich nur gestaunt und gesagt: Ich doch nicht! Ich hätte gar nicht gewusst, was ich da hätte machen sollen. Heute tue ich es einfach. Und ich weiß, dass ich etwas bewirke. Das ist toll. Es ist überwältigend!"

Selbstermächtigung heißt der Fachausdruck dafür. Man erlebt sich selbst als jemanden, der eine Veränderung seines eigenen Lebens bewirken kann – ein wirklich tolles Gefühl. Man ist dann keine Marionette mehr, deren Fäden jemand anders in der Hand hat. Man hält selbst die Fäden, gibt sie nicht mehr her und bestimmt, was man tut.

Sei dir bewusst, dass du Forderungen stellen darfst. Nein, vielleicht sogar musst.

Denn du bist der Fachmann, die Fachfrau für deine Interessen. Und du hast ein Recht dazu. Solange deine Forderung sehr vage und unbestimmt ist und du sie nicht als Anspruch formulierst, sondern nur sagst: „Irgendwie finde ich das nicht gut", dann ist das zwar ein erster Schritt, aber man kann dich und deine Idee sehr leicht beiseiteschieben. In dem Moment, wo du aber sagst: „Ich will das", oder gar sagst: „Ich habe ein Recht darauf", wird es schwieriger.

Dabei sollte man sich auch nicht davon irritieren lassen, dass es vielleicht kein explizit festgeschriebenes Recht ist: Rechtsbegriffe ändern sich schließlich. Als sich die Afroamerikanerin Rosa Parks am 1. Dezember 1955 weigerte, ihren Platz im Bus zu räumen, verstieß sie gegen geltendes Recht.

Rosa Parks (1913–2005) lebte in Montgomery, Alabama, einem US-Bundesstaat, in dem die Rassentrennung damals sehr ausgeprägt war. In den Bussen gab es vorn Sitzplätze für Weiße und im hinteren Teil Sitzplätze für Afroamerikaner. Einige Reihen in der Mitte durften von beiden genutzt werden. Allerdings mussten Afroamerikaner die gesamte Reihe räumen, wenn nur ein einziger Weißer in einer dieser Reihen sitzen wollte. Als nun ein Weißer verlangte, dass die Afroamerikaner ihre Plätze räumten, weil er in der Reihe sitzen wollte, standen alle auf – nur Rosa Parks weigerte sich.

Sie wurde wegen Störung der öffentlichen Ruhe verhaftet und verurteilt. Doch gleichzeitig war ihr mutiges

Verhalten Ausgangspunkt einer großen Kampagne, die der Bürgerrechtler Martin Luther King organisierte. Die Afroamerikaner forderten ihre Rechte ein: Sie boykottierten den Busbetrieb, bis schließlich die Rassentrennung in Bussen und Bahnen aufgehoben wurde. Es war der Auftakt für die große Bürgerrechtsbewegung der Afroamerikaner in den 1960er-Jahren.

Und so, wie sich damals Rechtsbegriffe änderten (die Rassentrennung ist heute aufgehoben), so ändern sie sich auch heute noch. Inzwischen gibt es zum Beispiel Rechtsanwälte und Rechtsanwältinnen, die im Auftrag von Mandanten und Mandantinnen versuchen, den Klimaschutz einzuklagen, weil die bislang bestehenden gesetzlichen Vorgaben nicht ausreichen. Grundlagen dafür sind bestimmte Paragrafen des Grundgesetzes oder der Europäischen Grundrechtecharta. Diese Rechtsauffassung wird nicht von allen Juristen und Juristinnen geteilt, aber sie ist doch gut begründbar. Und setzt sich vielleicht und hoffentlich auch irgendwann durch.

Und es gibt ja gute Maßstäbe für richtiges Handeln.

Am 10. Dezember 1948 wurde von der Generalversammlung der Vereinten Nationen in Paris die Allgemeine Erklärung der Menschenrechte verkündet. 30 Artikel, der erste lautet: „Alle Menschen sind frei und gleich an Würde und Rechten geboren. Sie sind mit Vernunft und Gewissen begabt und sollen einander im Geist der Brüderlichkeit begegnen." Der zweite beschreibt ihre universelle Gültigkeit, dass jeder Mensch Anspruch auf diese Rechte habe, unabhängig von „Rasse, Hautfarbe, Geschlecht, Sprache, Religion, politischer oder sonstiger Überzeugung, nationaler oder sozialer Herkunft, Vermögen, Geburt oder sonstigem Stand".

Liest man die 30 Artikel (man findet sie problemlos im Internet), wird schnell deutlich, dass sie eine prima Richtschnur für das eigene Handeln, das Sich-Einmischen in Politik, das Verbessern unserer Gesellschaft sind. Mit ihnen als Grundlage kann man wenig falsch machen.

Man muss bloß wollen. Sich einmischen, die Welt verändern wollen. Auch wenn es unbequem ist und nicht immer gern gesehen wird. Der Sozialwissenschaftler Harald Welzer sagt in einem Interview mit dem Magazin Galore im Frühjahr 2019, dass „Weltverbesserer" heute eher ein Schimpfwort ist, ähnlich wie „Gutmensch". Und weiter:

,, Leute, die guten Willens und bereit sind, etwas zu tun, müssen sich ständig dafür rechtfertigen. Wenn Sie jetzt also verkünden würden: ‚Hey, ich will die Welt verbessern, wer macht mit?' Dann entgegnet jeder: ‚Du hast doch nicht alle Tassen im Schrank.' Die Welt zu verbessern oder ein guter Mensch zu sein – das hat beides einen schlechten Ruf. ,,

Das ist doch eigentlich ziemlich furchtbar. Es wäre doch besser, wenn wir alle die Gesellschaft verbessern wollten, oder? Wenn wir nicht so frustriert wären, nicht so zynisch oder abgeklärt. Wenn wir den Mut hätten, die Welt zu verändern, eigene Vorstellungen wahr werden zu lassen, statt Witze über die zu machen, die genau diese Energie besitzen. Alles scheint oft so beliebig oder egal. Vielleicht, weil wir zu oft glauben, dass sowieso nichts veränder- und verbesserbar ist, weil wir zu oft gehört haben, dass es keine Alternativen gibt. Vielleicht auch, weil wir uns nicht als verantwortlich für unsere Gesellschaft sehen, weil wir keine Idee haben, wohin sie sich entwickeln soll. Aber:

Man muss keine großen Visionen oder Ziele haben, man muss bloß wissen, dass die Welt auch anders sein kann.

Noch weniger: Man muss es sich bloß vorstellen können.

Und dann beginnen. Und spüren, dass man Wirkung erzielt.

„ Geh mal wieder auf die Straße, geh mal wieder demonstrieren – denn wer nicht mehr versucht zu kämpfen, kann nur verlieren. "
(Die Ärzte)

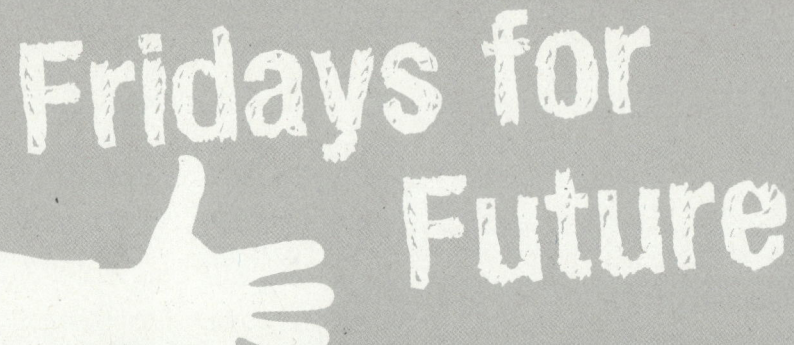

Fridays for Future

„How dare you? – Wie könnt ihr es wagen?"

Das sagte **Greta Thunberg** am 23. September auf dem UN-Klimagipfel in New York zu den versammelten Politikern und Politikerinnen der Welt. Sie war zornig, sauer, wütend, enttäuscht.

„How dare you? – Wie könnt ihr es wagen?" Und sie sprach weiter aus, was eigentlich alle wussten:

> „Menschen leiden, Menschen sterben, ganze Öko-systeme kollabieren. Wir sind am Anfang eines Massen-Aussterbens, und alles, worüber Sie reden können, sind Geld und Märchen vom ewigen wirtschaftlichen Wachs-tum. How dare you? – Wie könnt ihr es wagen?"

Ja, wie? Denn als sie diese Worte sagte, waren die größ-ten Demonstrationen zur Rettung des Weltklimas seit drei Tagen vorbei. Weltweit hatten am 20. September mehr als vier Millionen Menschen demonstriert, allein in Deutschland 1,4 Millionen.

Franziska in einem Beitrag für die Berliner Zeitung:

> „Ich glaube, dieser Freitag geht in die Geschichte ein. Ich habe gejubelt, gelacht und geweint, denn dass unser Anliegen so viele Menschen bewegt, das hätte ich nie zu träumen gewagt.

Seit Januar 2019, dem ersten Fridays-for-Future-Groß-streik in Berlin, hat sich viel verändert. Immer mehr Menschen haben erkannt, in welcher Krise wir stecken, immer mehr Leute haben angefangen umzudenken und kommen seither zu unseren Demos. "

Fridays for Future ist eine Bewegung, die ganz von un-ten kommt: Als die damals 15-jährige Greta Thunberg sich am 20. August 2018, ihrem ersten Schultag nach den Sommerferien, vor das Reichstagsgebäude in Stock-holm setzte, vor sich ein Pappschild mit der Aufschrift „Skolstrejk för klimatet" („Schulstreik für das Klima"), ahnte niemand, dass sich daraus eine weltweite Jugend-bewegung entwickeln würde. Hätte man so etwas in ei-nem Film gesehen oder in einem Buch gelesen, hätte man gedacht: Da ist den Leuten aber die Fantasie durchgegangen. Aus dem Handeln einer einzigen Person entsteht

Skolstrejk för klimatet

eine Bewegung, die die politische Tagesordnung verändert. Die Klimakrise, lange Jahre von der „großen" Politik stiefmütterlich bis gar nicht berücksichtigt, steht nun weit oben auf der politischen Agenda.

Dort hätte sie viel früher hingehört. Denn:

Die Klimakrise ist die größte Herausforderung für die Menschheit.

Wissenschaftlicher Konsens besteht darin, dass sich das Erd-Klimasystem erwärmt und weiter erwärmen wird, was auch anhand von Messungen steigender Durchschnittstemperatur der Luft und Ozeane, durch die Beobachtung des großflächigen Abschmelzens von Gletschern und Eisflächen und dem Anstieg des Meeresspiegels bewiesen ist. Klimatologen und Klimatologinnen sind sich einig, dass ein vom Menschen verursachter Klimawandel stattfindet – Hauptverursacher sind die sogenannten Treibhausgase, darunter vor allem Kohlendioxid (CO_2), das beim Verbrennen fossiler Energieträger wie Kohle, Öl, Gas freigesetzt wird, und Methangase, die unter anderem bei der Viehhaltung anfallen. Dazu kommen großflächige Brandrodung oder Abholzung von Waldflächen, die bislang als Kohlenstoffspeicher dienen.

Die Auswirkungen dieser Krise sind bekannt: Der Meeresspiegel wird drastisch steigen. Laut Weltklimarat ist der globale Meeresspiegel zwischen 1901 und 2015 um 19,5 cm gestiegen. Für die Zukunft gehen Prognosen von einem noch stärkeren Anstieg aus – eine Erhöhung von einem Meter innerhalb der nächsten beiden Jahrzehnte halten viele Wissenschaftler für nicht ausgeschlossen (manche rechnen mit durchaus höheren Werten). In Europa würde ein Anstieg von einem Meter bedeuten, dass beispielsweise in den Niederlanden fast 50 Prozent der Landesfläche unbewohnbar wären, nach heutigem Stand wären davon mehr als 5 Millionen Menschen betroffen. In Deutschland wären es noch vier Prozent der Landesfläche, mehr als 1,5 Millionen Menschen müssten umsiedeln. Das Gesicht der Nordseeküste würde sich drastisch verändern.

Außerhalb Europas stellt sich die Situation noch dramatischer dar: In Bangladesch müssten Zigmillionen Menschen umsiedeln. Insgesamt leben weltweit die meisten Menschen in Küstenregionen.

Außerdem werden Wetterextreme wie Wirbelstürme, Starkregen, lang anhaltende Trockenheiten zunehmen, was natürlich mannigfaltige Auswirkungen haben wird: auf die Nahrungsmittelproduktion, aber auch auf die Qualität des Trinkwassers oder die Schiffbarkeit von Flüssen und Kanälen. Die Biodiversität, also die Vielfalt der Arten auf der Erde, wird abnehmen, bestimmten Baumarten wird die Anpassung an die höheren Temperaturen nicht gelingen. Schon heute leidet der Wald in Mitteleuropa an der großen Trockenheit der letzten

Jahre. Das klingt alles noch weit entfernt und im Moment noch wenig greifbar, aber lässt man sich diese Auswirkungen mal durch den Kopf gehen – Millionen Menschen würden ihr Zuhause verlieren, vielleicht auch du? Deine Kinder werden auf einer Welt leben, die wir ihnen zerstört hinterlassen … Wie können wir es wagen? Wie können wir da nicht handeln?

Es ist sehr einfach: Die reichsten zehn Prozent der Weltbevölkerung – und dazu gehören wir – sind für die Hälfte des CO_2-Ausstoßes verantwortlich, die ärmste Hälfte der Menschheit nur für zehn Prozent. Zum Beispiel Bangladesch: Es ist eines der Länder, die vom Klimawandel am meisten betroffen sein werden. Bislang wurden durch Wirbelstürme und Überflutungen dort schon sechs Millionen Menschen obdachlos. Steigt der Meeresspiegel aber wie von Wissenschaftlern und Wissenschaftlerinnen prognostiziert an, wird ein Drittel des gesamten

Landes überschwemmt und etwa 25 Millionen Menschen müssen sich eine neue Heimat suchen. Dabei sind die Menschen dort am Klimawandel absolut unschuldig. Jeder Mensch dort ist für Emissionen von durchschnittlich 0,29 Tonnen CO_2 im Jahr verantwortlich, also für einen Wert weit unter dem, was von Forschern und Forscherinnen als nachhaltig angesehen wird (das wären etwa 2 Tonnen). In Deutschland hingegen trägt jeder und jede von uns durch unsere Art zu leben die Verantwortung für circa zehn bis elf Tonnen CO_2.

Ist es fair, dass die Menschen dort für unser Leben hier bezahlen?

Hans-Joachim Schellnhuber, der bis Mitte 2018 das Potsdamer Institut für Klimafolgenforschung leitete, Physiker und anerkannter Experte in Klimafragen, sprach in einem Interview mit der Süddeutschen Zeitung im Mai 2018 von einem kollektiven Selbstmordversuch, wenn man den Klimawandel nicht aufhalte. Und er brachte einen Vergleich:

,, Man könnte die Situation mit einem leckgeschlagenen Schiff auf hoher See vergleichen. Natürlich gibt es auch neben dieser Havarie Probleme: Das Essen in der dritten Klasse ist miserabel, die Matrosen werden ausgebeutet, die Musikkapelle spielt deutsche Schlager, aber wenn das Schiff untergeht, ist all das irrelevant. Wenn wir den Klimawandel nicht in den Griff bekommen, wenn wir das Schiff nicht über Wasser halten, brauchen wir über Einkommensverteilung, Rassismus und guten Geschmack nicht mehr nachzudenken. ,,

Eine Aktivistin der deutschen Fridays-for-Future-Bewegung schrieb im Januar 2019 in einem Blogbeitrag für den WWF:

,, Es fühlt sich tatsächlich so an, als würden wir in einem Auto sitzen, das auf einen Abgrund zusteuert. Doch anstatt zu bremsen, wird beschleunigt. Wir wurden in dieses Auto gesetzt, ohne dass wir gefragt wurden.

Es gibt diesen Abgrund wirklich. Der menschengemach-te Klimawandel ist real, und wir erleben dieser Tage die gravierenden Veränderungen, die er mit sich bringt. Wir sind die unfreiwilligen Passagiere. Und mit ‚wir‘ meine ich die Generation, die mehr als alle anderen mit den Folgen des Klimawandels wird leben müssen. ‚**Wir**‘ sind auch die letzte Generation, die noch in der Lage sein wird, die schlimmsten Auswirkungen der Klimakrise abzuwenden. Unsere Fahrer sind die Politikerinnen und Politiker, Entscheidungsträger und Industrievorstände, die mit dem Fuß auf dem Gaspedal stehen. **„**

So ist der Klimawandel eigentlich nichts, mit dem wir uns nach Lust und Laune beschäftigen können, wenn gerade mal nichts anderes ansteht. Wie ein Buch oder ein Videospiel, das man beiseitelegen kann, wenn man nicht mehr will. „Our House is on fire“, stand bei einer der ersten großen Fridays-for-Future-Demonstrationen in Berlin auf dem Fronttransparent, „Unser Haus brennt“, und je länger wir das ignorieren, desto größer wird das Problem.

Weil man all das und noch viel mehr schon lange weiß und die Wissenschaft seit mehr als 50 Jahren mit immer besser werdenden Argumenten und Berechnungen vor dem Klimawandel warnt, verständigten sich Politiker und Politikerinnen aus 197 Ländern völkerrechtlich verbindlich am 12. Dezember 2015 auf der **UN-Klimakonferenz** in Paris darauf, die menschengemachte globale Erwärmung auf deutlich unter 2 °C, möglichst 1,5 °C, gegenüber vorindustriellen Werten zu begrenzen. Das Pariser Abkommen wird zurzeit von allen Staaten der Erde bis auf die USA anerkannt (Stand: November 2019), allerdings erwägt der brasilianische Präsident Jair Bolsonaro den Austritt: ausgerechnet der Präsident des Landes, in dem die größten Regenwälder der Erde wachsen. (Einem Bericht der brasilianischen Weltraumbehörde zufolge, die Satellitenbilder analysiert, haben sich allerdings die Rodungen der Regenwälder innerhalb Brasiliens unter seiner Präsidentschaft mehr als verdoppelt.)

Doch so schön das Pariser Abkommen ist und war, so schön auch einzelne Staaten Klimaschutzpläne ausgearbeitet hatten, so wenig spielte der Klimaschutz in den Folgejahren im politischen Alltag eine Rolle. Im Gegenteil: Immer wenn es darum ging, bestimmte Bereiche wie beispielsweise den Verkehr oder die Energiewirtschaft stärker in die Verantwortung zu nehmen, wurde mit Hinweis auf eine vermeintliche Gefährdung von Arbeitsplätzen die Klimapolitik hintangestellt. De facto ist also nichts passiert. Und die Menschheit rast ungebremst auf 3, 4 oder 5 °C Erderwärmung zu.

„How dare you? – Wie könnt ihr es wagen?"

Nicht nur in Deutschland, auch in Schweden tat die Politik zu wenig oder gar nichts. Und das brachte Greta Thunberg am 20. August dazu, sich mit dem Pappschild „Skolstrejk för klimatet" vor den Schwedischen Reichstag zu setzen. Bis zum 9. September 2018, als die Wahlen zum Schwedischen Reichstag stattfanden, saß sie täglich dort, danach wöchentlich, immer am Freitag. Von Beginn an erschienen Artikel in der schwedischen Presse, die deutsche taz berichtete erstmals am 27. August. In dem Artikel wird ein Auszug aus einem Aufsatz zitiert, den Greta Thunberg schrieb. An die Entscheidungsträgerinnen und Entscheidungsträger gewendet, formuliert sie dort:

Was ihr tut oder nicht tut, wird mein ganzes Leben bestimmen und das meiner Kinder und Enkel.

Im Dezember 2018 reiste Greta Thunberg dann zur UN-Klimakonferenz nach Kattowitz in Polen. Sie traf dort den UN-Generalsekretär António Guterres und hielt eine kurze, beeindruckende, leidenschaftliche Rede an die versammelten Politiker und Politikerinnen:

> 99 Ihr sprecht nur von grünem, ewigem Wirtschaftswachstum, weil ihr zu viel Angst habt, euch unbeliebt zu machen. Ihr sprecht nur darüber, mit den immer gleichen schlechten Ideen weiterzumachen, die uns in diese Krise geführt haben. Und das, obwohl die einzige vernünftige Entscheidung wäre, die Notbremse zu ziehen. Ihr seid nicht einmal erwachsen genug, die Wahrheit zu sagen. 66

Die Rede erregte nicht nur auf der Tagung Aufsehen. Sie wurde hinterher millionenfach im Internet geteilt.

Die ersten deutschen Klimastreiks fanden noch im Dezember 2018 statt, seit Januar 2019 hat die Bewegung aber an Dynamik gewonnen. Franziska:

> 99 Damals kam auch ich dazu. Ich ging auf die Demo, wollte mitmachen, besuchte die noch kleine Berliner Gruppe und war auf einmal mittendrin im Organisationsteam.

Bald schon übernahm ich auch bundesweite Aufgaben: Social Media, Kontakt zu anderen Organisationen, die Organisation von Telefonkonferenzen, Pressekoordination. Meine Woche sieht mittlerweile so aus: Dienstags gehe ich zum Plenum und donnerstags zu den Vernetzungstreffen. Sonntags ist regelmäßig die bundesweite sowie die internationale Telefonkonferenz und unter der Woche kommt auch noch Kram dazu – Treffen, Telefonate, Interviews. Die Streiks am Freitag sind jetzt, wo ich in der 11. Klasse bin, etwas schwieriger geworden. Ich habe freitags Unterricht in meinen beiden Leistungskursen. Da muss ich genau aufpassen, was ich ausfallen lassen kann. Am 20. September 2019, als in Berlin mehr als 270.000 Leute gegen die Klimapolitik der Regierung protestierten, war ich aber auch nicht in der Schule.

Überall in Deutschland fanden sich ab Januar 2019 schnell Aktive, die neue Ortsgruppen gründeten. Inzwischen sind auf der Homepage von Fridays for Future weit über 600 solcher Gruppen registriert. Wer mitmachen will, sucht sich eine Gruppe aus und kann per

Mail, WhatsApp oder Telegram in Kontakt kommen.

Die Ortsgruppen planen ihre eigenen lokalen Aktionen – den wöchentlichen Klimastreik (in kleineren Orten nicht unbedingt wöchentlich), dazu ihre Presse- und Öffentlichkeitsarbeit. Wie organisieren wir die Demonstration vor Ort? Wer redet mit der lokalen Presse, wer verteilt wo Flyer, wer hängt Plakate in den Schulen oder (wenn das nicht geht) vor den Schulen auf? All das muss verabredet werden.

Die Ortsgruppen sind die Basis der Bewegung. Diese Ortsgruppen sind zwar unabhängig, aber es gibt eine bundesweite Strutur:
Jede Gruppe entsendet einen oder zwei Delegierte in die wöchentlichen Delegierten-Telefon-konferenzen (TK).

Franziska: 99 Am Anfang waren diese Konferenzen manchmal wahnsinnig lang, fünf oder sechs Stunden. Viel zu lang. Deshalb haben wir die Struktur ein wenig verändert. Jetzt reichen die Vertreter der Ortsgruppen ihre Themen vorher ein. Daraus basteln wir dann eine Tagesordnung. Und wir legen auch fest, wie lange ungefähr über jeden Punkt diskutiert wird. 66

Die Moderatoren und Moderatorinnen führen eine Art Rednerliste, auf der man sich anmelden muss. Sie schalten den frei, der gerade an der Reihe ist.

99 Jetzt sind die TKs glücklicherweise kürzer geworden – in zwei bis drei Stunden sind wir normalerweise durch. 66

Dennoch kommt einiges an Arbeit zusammen: die tägliche WhatsApp-Kommunikation in unterschiedlichen Chatgruppen, Presseanfragen, die sich um die Streik- und Demo-Tage häufen, täglich Dutzende Anrufe und 50 Mails von irgendwem, die beantwortet werden wollen. Da klingelt das Handy auch schon mal vor dem Frühstück.

„ Viel Arbeit. Aber auf eine andere Art ist es auch cool. Dass man so viel bewegen kann. "

Zusätzlich zu den Ortsgruppen gibt es eine Anzahl bundesweiter Arbeitsgruppen (AGs), zum Beispiel die Social-Media-AG, die Grafik-AG, die Forderungs-AG, die Kampagnen-AG, die Presse-AG und die Struktur-AG.

Die Forderungs-AG hat zum Beispiel nach langen Debatten und nach Austausch mit Fachwissenschaftlern und Fachwissenschaftlerinnen die sechs Kernforderungen und ihre Begründung erarbeitet. Diese wurden dann auf einer Pressekonferenz im April 2019 veröffentlicht. Es sind:

- Senkung der Treibhausgasemissionen in Deutschland bis 2035 auf netto null
- Ausstieg aus der Kohle bis 2030
- 100 Prozent erneuerbare Energien in der Energieversorgung bis 2035

Zudem sollen folgende Ziele bis Ende 2019 umgesetzt werden:

- Abschaffung der Subventionen für fossile Energien
- Abschaltung von einem Viertel aller Kohlekraftwerke
- Einführung einer CO_2-Steuer auf alle Treibhausgasemissionen, mit der die durch die Erderwärmung entstehenden Kosten kompensiert werden. Diese Steuer sollte laut Umweltbundesamt 180 Euro pro Tonne CO_2 betragen.

Franziska: 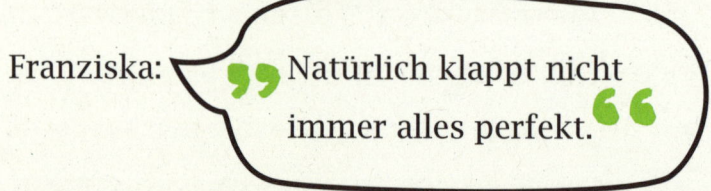 „Natürlich klappt nicht immer alles perfekt."

Es gebe überall Probleme. Mal Ärger darüber, dass die eine oder der andere zu viele Interviews gibt, aber ansonsten innerhalb der Bewegung zu wenig Kleinkram erledigt – Pressemitteilungen schreibt, Demos anmeldet, die Lautsprecheranlage nicht nur organisiert, sondern auch abholt. Dass intern die Kommunikation nicht immer so funktioniert, wie es sein sollte, dass einige mehr als andere wissen.

„ Aber was in Parteien oft als normal hingenommen wird, nämlich eine interne Hierarchie, dass die einen entscheiden und die anderen irgendwie mitmachen, das finden wir nicht so ganz normal. Unser eigener Anspruch an Mitbestimmung ist sehr hoch. Das ist manchmal viel Arbeit, macht uns aber gleichzeitig stark. Denn jede und jeder kann sich wiederfinden. "

Und so werden wichtige Entscheidungen nicht in irgendwelchen Hinterzimmern ausgeklüngelt, sondern über WhatsApp offen kommuniziert. Und abgestimmt.

Vielleicht ist dieses sehr basisdemokratische Vorgehen auch genau der Grund, warum Fridays for Future so erfolgreich ist: Zwar betonen einzelne Vertreterinnen und Vertreter, dass man noch nichts erreicht habe, aber im Kern hat die Bewegung im letzten Jahr die politische Debatte in Deutschland bestimmt. In einer erstaunlichen Mischung: mal aufgeregt auf Demonstrationen, mal sachlich abgeklärt bei öffentlichen Auftritten in Medien, wie zum Beispiel Talkshows. Vielleicht werden Leute, die Lust auf Veränderung haben, auch immer unterschätzt.

Und vielleicht ist es deshalb auch gar nicht verwunderlich, dass man dann, wenn man etwas wirklich erreichen will, auch gut argumentieren kann. Bei Fridays for Future immer gestützt auf wissenschaftliche Gutachten.

Gefordert wird nicht etwa etwas Abstruses, Radikales, sondern das (wissenschaftlich betrachtet) Nötige und auch Mögliche.

Und eben mit viel internem demokratischem Vorlauf.

Denn der schult und vermittelt Sicherheit. Nämlich die, den eigenen Argumenten zu vertrauen. Deshalb treten die meisten Fridays-for-Future-Aktivistinnen und -Aktivisten – egal wo – ziemlich selbstbewusst und ohne Angst auf. Sie reden in Kameras und Mikrofone und lassen sich weder von Ministern noch Politikerinnen noch Lobbyisten (wie zum Beispiel denen von der Initiative Neue Soziale Marktwirtschaft (INSM), die alle Maßnahmen gegen die Klimakrise am liebsten hinausschieben will) den Schneid abkaufen.

Franziska: „Warum auch, wir haben doch recht. Warum soll ich vor einem Politiker Angst haben? Ich weiß mehr über die Klimakrise als die meisten Politiker. Es geht um meine Zukunft, da kann ich mir keine Angst vor ‚mächtigen‘ Politikern erlauben. Ich hab auch keine."

Vielleicht sollte das sogar eher andersherum der Fall sein.

Denn die Aktivistinnen und Aktivisten von Fridays for Future sind sauer. Wie ein Schlag ins Gesicht habe es sich angefühlt, als die Regierungskoalition am 20. September 2019 den Inhalt des Klimaschutzpaketes verkündete.

Franziska: „Die Bundesregierung wollte endlich etwas tun. Sie wollte wirkungsvolle Maßnahmen beschließen. Meine Erwartungen waren schon vor der Tagung des Klimakabinetts niedrig. Ich hatte nicht damit gerechnet, dass dort irgendetwas beschlossen wird, was unsere CO_2-Emissionen wirklich ernsthaft reduziert. Und trotzdem irgendwie gehofft. So war die Verkündung ein Schock für mich."

Diese Regierung ist ängstlich, hält ihre Versprechen nicht und gefährdet unsere Zukunft. Sie hört weder auf die Wissenschaft noch auf die Bürger und Bürgerinnen. Der Klimaschutz scheitert an dieser Regierung, an dieser Großen Koalition.

Franziska: „Entweder haben diese Politiker nicht begriffen, was die Klimakrise bedeutet, oder sie ist ihnen egal. Genauso egal ist ihnen wohl, wie die Zukunft aussieht."

Und eines ärgert besonders: dass die Regierung sich selbst für ihr Nichtstun feiert und andererseits Fridays for Future lobt. Für ihr Engagement.

Franziska: „Es ist so lächerlich, uns für unser Engagement zu loben. Ich stehe da jeden Freitag, nicht, weil ich es will, sondern weil mir nichts anderes übrig bleibt. Ich könnte mir freitags Schöneres vorstellen, doch ich habe keine Wahl.

Ich nehme diese unzureichenden Beschlüsse nicht hin, das Lob, das ich und 1,4 Millionen andere Menschen brauchen, ist der Schutz der menschlichen Zivilisation auf diesem Planeten. Diese Regierung wird uns nicht aussitzen können, denn das ist erst der Anfang. Sie können nicht darauf hoffen, dass wir einfach aufhören, das tun wir nicht. „

Oder wie es Greta Thunberg auf dem UN-Klimagipfel in New York zu den Politikern und Politikerinnen aus aller Welt sagte:

„ Alle kommenden Generationen haben euch im Blick, und wenn ihr euch dazu entscheidet, uns im Stich zu lassen, dann entscheide ich mich zu sagen: Wir werden euch nie vergeben! Wir werden euch das nicht durchgehen lassen! „

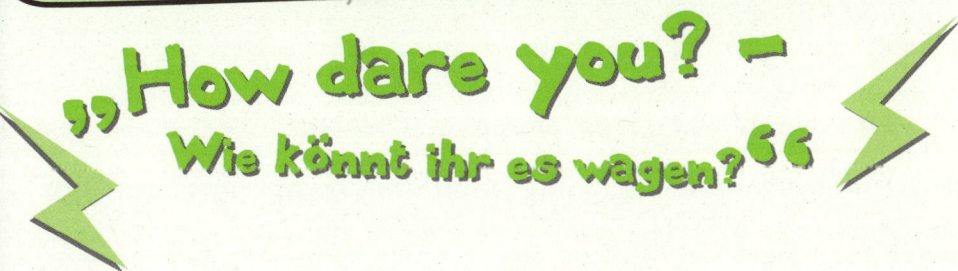

Was ist politische Lobbyarbeit?

Lobbyismus hat keinen guten Ruf.

Dabei ist der Begriff erst einmal wertneutral. Er geht zurück auf die Lobby (englisch für „Vorhalle") des Parlaments, wo zum Beispiel im britischen Unterhaus oder im amerikanischen Kongress Interessenvertreter und -vertreterinnen das Gespräch mit den Angehörigen des Parlaments suchten, ihnen die Vor- oder Nachteile bestimmter Gesetzesvorhaben oder Stimmabgaben aufzeigten, ihnen Wählergunst versprachen oder auch mit Abwahl drohten. Ziel ist, die Nähe der Entscheidungstragenden zu suchen und zu versuchen, politische Prozesse im eigenen Sinne zu beeinflussen.

Dass der Begriff ein wenig übel riecht, hängt damit zusammen, dass es keine verbindlichen Regeln dafür gibt, was in der Lobbyarbeit erlaubt ist.  So denkt man schnell an Beste-chung, an teure Abendessen, ein Geschenk hier, ein anderes dort, Einladungen zu Reisen oder Ähnliches. All das gab es schon und gibt es be-stimmt auch immer noch, und vielleicht treten viele In-teressenverbände deshalb auch nicht als Lobbygruppen auf, sondern nennen sich Büros für politische Kommu-nikation, Politikberater oder auch „Initiative".

Wie beispielsweise die Initiative Neue Soziale Marktwirt-schaft (ISNM). Sie wird von den Arbeitgeberverbänden der Metall- und Elektroindustrie finanziert, arbeitet eng mit dem arbeitgebernahen Institut der deutschen Wirt-schaft zusammen, verschleiert das auch nicht (nennt es aber auch nicht direkt) und versucht mit viel Geld, de-ren Positionen in der Öffentlichkeit zu verankern. Durch Anzeigen in Zeitungen, Schulung von Journalisten und Journalistinnen, einen eigenen Youtube-Kanal oder über das Lehrerportal **www.wirtschaftundschule.de**, in dem sie kostenloses Unterrichtsmaterial bereitstellt.

Dass dabei Wirtschaftsthemen weitestgehend aus der Interessensicht von Arbeitgebern und Unternehmen behandelt werden, muss nicht wundern.

Es wundert einen auch nicht, dass die ISNM seit Jahren schon ein erbitterter Gegner der Energiewende und von sofortigem effektivem Klimaschutz ist. Seit Sommer 2019 läuft eine erneute Kampagne der ISNM dagegen. Laut Volker Quaschning, Professor für Regenerative Energiesysteme und einem der Begründer von Scientists for Future, macht sie dabei Aussagen, die häufig **„Fake-News-Charakter"** hätten. Deshalb demonstrierte Fridays for Future in Berlin im August 2019 vor dem Büro der ISNM.

Doch neben finanzstarken Interessenverbänden aus der Wirtschaft gibt es auch andere Formen der Lobbyarbeit. Und keine Gruppe oder Initiative sollte darauf verzichten, sich bei Politikern und Politikerinnen bemerkbar zu machen und zu versuchen, diese in ihrem Sinne zu beeinflussen.

Lobbyarbeit ist tatsächlich Arbeit.

Man muss sie gut organisieren.

Im Wesentlichen besteht sie aus vier Punkten, ein fünfter, nämlich die Politikfinanzierung (sprich: Spenden an Parteien, um diese für die eigenen Ziele gewogener zu machen), ist für eine Basisbewegung nicht zu leisten – das ist das Feld, in dem sich Unternehmen und Wirtschaftsverbände und von denen geförderte Organisationen tummeln.

Punkt 1: Information, Kommunikation

Vielleicht das Wichtigste: regelmäßig die Öffentlichkeit und die Politik darüber informieren, was man tut, was man fordert und was man als Nächstes vorhat. Dazu zählen **Pressemitteilungen** und natürlich Auftritte in sozialen Medien wie Twitter, Instagram, Facebook und Ähnlichem. Früher nutzte man Flugblätter, auch das kann man heute noch machen, um seine Forderungen zu verbreiten. Eine **Webseite** ist hilfreich, ein Newsletter sowieso. Gut macht das Fridays for Future. Auf der Webseite finden sich die wöchentlichen Streikter-

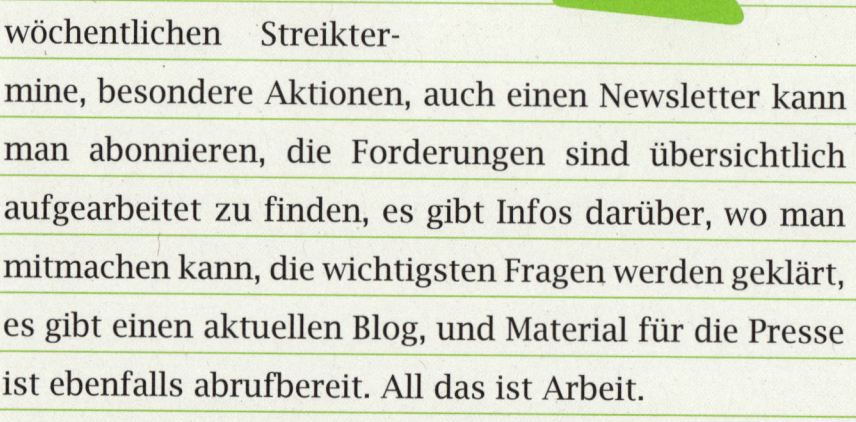

mine, besondere Aktionen, auch einen Newsletter kann man abonnieren, die Forderungen sind übersichtlich aufgearbeitet zu finden, es gibt Infos darüber, wo man mitmachen kann, die wichtigsten Fragen werden geklärt, es gibt einen aktuellen Blog, und Material für die Presse ist ebenfalls abrufbereit. All das ist Arbeit.

Will man einen **Newsletter** aufsetzen, kann man das mit kostenlosen oder kostenpflichtigen Programmen machen. Wichtig ist: Ein Newsletter sollte regelmäßig erscheinen – beispielsweise wöchentlich –, und er sollte wirklich Neues enthalten. Oder man sagt gleich, dass er unregelmäßig kommt. Die guten kostenlosen Newsletter-Programme wie CleverReach setzen ans Ende des Newsletters immer Werbung, was mitunter etwas doof ist. Podcasts sind eine weitere Möglichkeit, über sich zu informieren. Auch dafür gibt es einfach zu handhabende Programme.

Punkt 2: Personen, Expertise

Politik und Medien brauchen Ansprechpartner und Ansprechpartnerinnen, die etwas wissen. Also: sich Wissen erarbeiten, damit man argumentieren kann. Denn Politiker und Politikerinnen tun oft so, als wüssten sie vieles (oder gar alles), oft mangelt es aber an einfachen Informationen oder auch am Willen, die Meinung zu ändern, und manchmal auch daran, dass man das ja schon immer so gemacht hat. Aber neue Fragen erfordern oft neue Antworten. Man muss dabei helfen, die richtigen Fragen zu stellen und sie zu beantworten.

Und manchmal muss man alte Fragen auch wieder neu stellen, wenn sie wichtig und in Vergessenheit geraten sind.

Die Klimakrise ist so ein älteres Problem. Man weiß davon schon lange, dennoch hat Fridays for Future sie wieder ins Bewusstsein gebracht. Auch durch gute Medienauftritte, bei denen die Jugendlichen die Politikprofis alt aussehen ließen. Als der FDP-Politiker Christian Lindner davon sprach, die Schülerinnen und Schüler sollten das Thema doch den Profis überlassen (und damit Politiker wie sich selbst meinte), konterten sie damit, dass sie sich wissenschaftlicher Expertise versicherten – sie wussten Klimawissenschaftler und -wissenschaftlerinnen auf der ganzen Welt hinter sich und konnten geschliffen genau argumentieren. Sie wussten, zu was sich die Staaten verpflichtet hatten (laut Pariser Übereinkunft, die Erderwärmung deutlich unter 2 ˚C zu begrenzen) und dass bislang zu wenig unternommen wird, dieses Ziel zu erreichen. Genauigkeit in der Argumentation hilft auch dabei, immer wieder auf die Kernbotschaft zurückzukommen. Die lautet bei Fridays for Future, dass jetzt gehandelt werden

Wir fordern HANDLUNG!

muss. Dass klare Ziele formuliert sind, die klare Maßnahmen erfordern. Es geht also darum, Wissen zu verbreiten, genau zu sein. Denn: Sich besser zu fühlen, ohne dass es wirklich besser wird, ist sehr gefährlich.

Es ist dann übrigens leider normal, dass Medien bestimmte Protagonisten fördern. Sie setzen auf Personalisierung, und wer einmal in Zeitungen, im Fernsehen oder im Hörfunk zitiert wird, wird auch von anderen Medienvertretern und Medienvertreterinnen angefragt. Die sind da meist fantasielos; vor allem Fernseh- und Hörfunksender haben zudem große Angst davor, dass Interviewpartner nicht unfallfrei sprechen können – bei Livesendungen ist das ja auch ein Risiko. Wer einmal bewiesen hat, dass er oder sie das kann, wird gern wieder eingeladen. Dass Greta Thunberg heute so berühmt ist, hängt auch damit zusammen, dass Medien heutzutage Themen gern personalisieren – es ist halt schwieriger, das Thema Klimawandel ausschließlich abstrakt zu beschreiben. So erreicht man die Leute nicht.

Wer ist verantwortlich? Egal, worum es geht: Irgendwo gibt es Verantwortliche. Okay, zuletzt ist es in der Bundespolitik die Bundeskanzlerin, aber darunter gibt es natürlich viele Ansprechpartner und Ansprechpartnerinnen. Das sind Mitarbeitende in den Ministerien, die am Ende die Gesetzestexte verfassen, das sind die jeweiligen Verantwortlichen für bestimmte Politikfelder in den Parteien – jede Bundestagsfraktion hat Sprecher und Sprecherinnen für Kultur, für Umwelt, für Verkehr usw. Und das gilt nicht nur für den Bundestag, es gibt das alles auch auf Länderebene, in Städten und Gemein-

den. Man muss wissen, wer verantwortlich ist – damit man weiß, wen man anspricht, wen man zu Diskussionen einlädt, mit wem man sich am besten zum Informationsaustausch trifft. Denn darüber kann man dann Beziehungen aufbauen, und man erfährt vielleicht ein bisschen etwas darüber, was und wie Politiker und Politikerinnen und andere Entscheidungsträger diskutieren und für welche Argumente sie offen sind.

Sucht Bündnispartner. Das können Wissenschaftler und Wissenschaftlerinnen sein, die mit ihren Studien die Forderungen belegen (wie bei Fridays for Future die Scientists for Future), das können Menschen sein, die unmittelbar oder mittelbar betroffen sind. Will man beispielsweise, dass eine Straße verkehrsberuhigt wird, dann können das natürlich die Anwohner und Anwohnerinnen sein, vielleicht die Eltern der Kinder, die dort in der Nähe auf eine Schule gehen und die Straße als Schulweg nutzen; es kann aber vielleicht auch die Ortsgruppe des ADFC (Allgemeiner Deutscher Fahrradclub) sein oder Umweltschützer, die sich Sorgen um den Baumbestand in der

Straße machen – auch die fänden weniger Verkehr vielleicht sinnvoll. Seid offen für alle, die mitmachen wollen, habt keine Angst vor Debatten, aber verliert euer Ziel nicht aus den Augen. Manchmal drängen Parteien gern in Initiativen hinein. Nicht unbedingt mit böser Absicht, aber es besteht dann die Gefahr, dass man nur noch als verlängerter Arm einer Partei angesehen wird.

Die Punkte 1 bis 3 muss man mögen. Man muss sich trauen, man muss aber auch kommunikativ sein – mit Menschen reden und Kontakte knüpfen **wollen.** Neugierig auf sie sein, auf ihre Ansichten und Argumente. Denn Netzwerke sind wichtig. Allein kann man vielleicht etwas anschieben, aber am Ende doch nur wenig bewegen. Also:

Lasst andere teilhaben an euren Ideen, lasst sie auch daran teilhaben, wenn es darum geht, etwas zu entscheiden.

Punkt 4: Druck aufbauen

Das muss und kann man auf verschiedene Arten tun. Fridays for Future hat es exemplarisch vorgemacht. Mit Demonstrationen und Streiks immer wieder Flagge gezeigt. Extinction Rebellion geht weitere Schritte: mit Straßenblockaden beispielsweise. Aber die Aktionen müssen nicht unbedingt radikal sein. Wer Geld hat, kann Anzeigen in Zeitungen schalten, wer keines hat, zu Leserbriefaktionen aufrufen. Auch hier kommen wieder die sozialen Netzwerke ins Spiel, denn darüber kann man seine Meinung zeigen und so Druck auf Entscheidungsträger und Entscheidungsträgerinnen ausüben.

Oder ihr macht es klassisch und sammelt **Unterschriften**, was vor allem für lokale Aktionen gut und wichtig ist, denn so kommt man mit Menschen ins Gespräch und kann sie aktivieren. Aber auch größere, überregionale Bürgerbegehren beginnen mit dem Sammeln von Unterschriften.

Beim Sammeln von Unterschriften sollten ein paar Punkte beachtet werden.

- Wie sieht die Liste aus? Sie muss übersichtlich sein, nicht zu viel Text enthalten, Ansprechpartner und Ansprechpartnerinnen und Sammelstellen für volle Listen müssen draufstehen.
- Bei Straßensammlungen: Organisiert Klemmbretter, funktionierende Stifte, einen kleinen Infostand mit Flyern und Plakaten (muss eventuell angemeldet werden).

- Vielleicht gibt es Geschäfte, in denen ihr Unterschriftenlisten auslegen oder Plakate mit einem Hinweis auf die Sammlung aufhängen könnt.

- Unterschriftensammlungen auf der Straße sind bei Regenwetter ziemlich sinnlos.

- Am leichtesten lassen sich Menschen dort ansprechen, wo sie Zeit und Ruhe haben. Also in Warteschlangen vielleicht. Oder dort, wo sich Menschen aufhalten, die vermutlich für unser Thema aufgeschlossen sind. Wollt ihr mehr für die Sicherheit von Fahrradfahrenden tun, dann lasst die Aktion vielleicht an einem Samstagvormittag vor dem Laden eines großen Fahrradhändlers stattfinden, den man natürlich auch fragen kann, ob er selber Listen im Laden auslegt.

- Beim Sammeln immer im Kopf behalten: Wenn Leute sich sehr aufgeschlossen zeigen, dann solltet ihr versuchen, sie zum Mitsammeln zu bewegen, und ihnen Listen mitgeben.

Rettet die Bienen

– das Volksbegehren „Artenvielfalt und Naturschönheit in Bayern"

Inzwischen wissen es alle: Die Zahl der Insekten geht dramatisch zurück. Ältere Menschen kennen das anders: Fuhr man früher mit dem Auto eine längere Strecke auf der Autobahn, sah die Windschutzscheibe danach sehr gepunktet aus: dreckig, voller toter Fliegen, Mücken, Käfer, Bienen, Hummeln, Libellen, fliegender Ameisen, Schmetterlinge, Feuerwanzen und, und, und. Eine klebrige Angelegenheit. Das ist vorbei.

Manch Autofahrer findet es deshalb vielleicht gut, dass heute die Zahl der Insekten so stark gesunken ist: Es wird vermutet, dass die Masse an Insekten in den letzten 40 Jahren bis zu 80 Prozent abgenommen hat. Zwar gibt es keine wirklich exakte, bundesweite Forschung, aber einige verstreute Studien, die diese Zahl belegen.

Na prima, wird da der eine oder die andere sagen, das bedeutet weniger Mückenstiche, und meinen Pflaumenkuchen kann ich dann auch essen, ohne Angst vor herumschwirrenden Wespen haben zu müssen. Aber so einfach ist das nicht, denn Insekten spielen eine wichtige Rolle in unserem Ökosystem. Sie dienen vielen anderen Wildtieren als Nahrung: Amphibien wie Kröten, Fröschen und Lurchen, Salamandern und Eidechsen, aber auch Fischen, Vögeln und Fledermäusen, sodass der Rückgang von Insekten automatisch auch den Rückgang anderer Arten nach sich zieht. Zudem zersetzen zahlreiche Insekten auch organische Stoffe – zum Beispiel umgestürzte Bäume –, andere wiederum sind als Bioindikatoren wichtig: Das sind Lebewesen, die auf Umwelteinflüsse reagieren und an denen man ablesen kann, ob und inwieweit schädliche Umwelteinflüsse vorliegen – oft solche, die vom Menschen stam-

men. Kleine Wasserinsekten helfen zum Beispiel bei der Bestimmung der Wasserqualität von Flüssen und Seen. Außerdem werden natürlich viele Pflanzen, darunter Nutzpflanzen, durch Insekten bestäubt. Ohne Insekten also keine Pflaumen und kein Pflaumenkuchen – so gesehen kann man die Wespen vielleicht aushalten.

In Deutschland sind der Wissenschaft rund 33.000 Insektenarten bekannt, von denen knapp 8.000 gefährdet – sprich: vom Aussterben bedroht – sind. Allein die Zahl der Schmetterlinge hat in den letzten 40 Jahren um ein Drittel abgenommen.

Das Volksbegehren

Markus Erlwein, der Pressesprecher des „Volksbegehren Artenvielfalt und Naturschönheit in Bayern", besser bekannt unter dem Titel „Rettet die Bienen", erzählt von den Anfängen der Bewegung:

„ Die Idee ging von der ÖDP aus. Die Ökologisch Demokratische Partei hatte das als Wahlkampfaktion gestartet. Sie wollte sich damit im Landtagswahlkampf 2018 positionieren."

In Wählerstimmen schlug sich das nicht nieder, aber als Volksbegehren war es erfolgreich – die Insekten werden es den Bayern danken.

Denn das war das Motiv von „Rettet die Bienen": das Artensterben bei den Insekten zu stoppen. Die Biene war nur das Symboltier dafür – weil eben auch viele Insekten aussterben, die als Bestäuber von Blütenpflanzen dienen. Die Honigbiene, ein Haustier, ist davon aber weniger betroffen als ihre wild lebenden Geschwister.

Man weiß inzwischen, was das Insektensterben auslöst. Ein Grund sind die Monokulturen auf vielen landwirtschaftlich genutzten Flächen, also zum Beispiel riesige Mais- oder Rapsfelder ohne sogenannten Blühstreifen am Rand, auf dem Wildblumen und Gräser wachsen, die den Insekten Nahrung bieten. Auch die Bepflanzung mancher Gärten ist häufig insektenunfreundlich: Gefüllte Blüten sehen zwar oft schöner aus, weil sie größer und voller sind als andere, als Nahrungsquelle für Insekten taugen sie jedoch nichts.

Ein Volksbegehren ist eine komplizierte Sache, die in Stufen verläuft: Zunächst muss man für einen sogenannten Antrag auf Zulassung des Volksbegehrens eine bestimmte Menge an Unterschriften sammeln. 25.000 sind das in Bayern. Das war in diesem Fall einfach. Die ÖDP hatte schnell knapp 100.000 Unterschriften zusammen – sie stammten alle von wahlberechtigten Bürgern.

Denn das ist ein Problem bei Volksentscheiden: Am Ende dürfen auch hier wieder nur die Menschen mitbestimmen, die bereits wahlberechtigt sind.

Dann muss das Volksbegehren zugelassen werden – darüber entscheidet in Bayern das Innenministerium. Das geschah Anfang Oktober 2018 und wurde Mitte November veröffentlicht. Nun war auch klar, wann das Volksbegehren stattfinden würde, denn das muss innerhalb einer bestimmten Frist nach der Genehmigung durchgeführt werden. Vom 31. Januar bis einschließlich 13. Februar 2019, also innerhalb von zwei Wochen, mussten sich zehn Prozent der wahlberechtigten Bürger und Bürgerinnen in ihren Rathäusern in Listen eintragen, um das Volksbegehren zu unterstützen – etwa 950.000 Menschen. Und das passierte auch.

Die Forderungen

Die Forderungen des Volksbegehrens mussten in einen Gesetzentwurf gefasst werden. Ziel des neuen Gesetzes war es, dem Verlust von Arten, insbesondere dem Rückgang der Bienen und Schmetterlinge, entgegenzuwirken. Um das zu schaffen, verlangten die „Rettet die Bienen"-Leute in diesem Gesetz unter anderem:

- dass mindestens 20 Prozent der landwirtschaftlichen Fläche in Bayern bis 2025 nach den Grundsätzen des ökologischen Landbaus bewirtschaftet werden, sprich: umweltschonend (das betrifft auch die artgerechte Haltung von Tieren). Dieser Anteil soll bis 2030 auf 30 Prozent steigen; alle staatlichen Flächen sollen ab 2020 ökologisch bewirtschaftet werden.

- dass Dauergrünland nicht mehr in Ackerland umgewandelt werden darf. Grünland, also Flächen, auf denen überwiegend Gras und/oder krautige Pflanzen wachsen (beispielsweise Viehweiden) gelten als ökologisch wertvoller, da die Nutzung mit weniger Pflanzenschutzmitteln und ohne Bodenbearbeitung stattfindet. Werden Flächen nun schon länger als fünf Jahre als Weiden genutzt, dürfen sie nicht mehr in Ackerflächen (beispielsweise für den Rapsanbau) umgewandelt werden.

- den Erhalt und Schutz der biologischen Vielfalt des Waldes als vorrangiges Ziel in staatlichen Wäldern festzuschreiben

- ein Verbot von Pestiziden in Naturschutzgebieten und sonstigen geschützten Flächen
- den Schutz von Alleen, Streuobstwiesen, Hecken, Säumen, Baumreihen, Natursteinmauern, natürlichen Totholzansammlungen, Bodensenken und Kleingewässern
- ein Verbot von Himmelsstrahlern und ähnlich insektenschädlichen Beleuchtungsanlagen im Außenbereich
- den Schutz von Gewässerrandstreifen in der Breite von fünf Metern (was bedeutet, dass Felder nur bis zu einer Distanz von fünf Metern zu einem Gewässer bewirtschaftet werden dürfen, was der Landesbund für Vogelschutz in Bayern (LBV) schon sehr lange forderte)
- verbesserte Bildungsangebote zum Naturschutz in Schule und Berufsausbildung
- sowie einige andere Maßnahmen

Schon bevor das Volksbegehren zugelassen worden war, hatte sich der Kreis derjenigen, die es unterstützten, vergrößert. Es gab einen Trägerkreis, dem die ÖDP, die

Grünen und der Landesbund für Vogelschutz in Bayern (LBV) angehörten, dazu landesweite und regionale Aktionsbündnisse mit anderen Naturschutzverbänden wie dem Bund Naturschutz (dem bayerischen Partner des BUND). Aber auch Vereinigungen von Öko-Landwirten, von Unternehmen, die Bio-Lebensmittel herstellen, oder solche wie der Landesverband Bayerischer Imker, die Bayerische Botanische Gesellschaft, später auch andere Parteien wie die SPD oder die Bayernpartei, unterstützten den Volksentscheid.

Markus Erlwein erinnert sich:

„ Anfang Januar 2019 begann die Kampagne so richtig. Da haben wir dann angefangen, um Zustimmung zu werben. Anfangs hatten wir Angst, dass das nicht klappen kann. Der Zeitpunkt erschien uns ungünstig: Es gibt im Winter keine Bienen, Hummeln oder andere Insekten. Wie wollen wir da gegen das Insektensterben mobilisieren? Im Frühjahr, wenn alles summt und brummt, wäre das wahrscheinlich leichter. Aber es hat funktioniert. "

Grund dafür war auch, dass „Rettet die Bienen" zwar ursprünglich von Parteivertretern geplant war, aber rasch eine Basisinitiative wurde. Alle konnten mitmachen, und viele machten mit. Es gab ein Koordinationsbüro, es gab Angebote vom Referenten und Referentinnen, die auf Veranstaltungen über den Sinn und Zweck des Volksbegehrens sprachen. Die Veranstaltungen selbst wurden vor Ort geplant und durchgeführt. Markus Erlwein:

>> Plötzlich haben alle angepackt. Die Kampagne hatte einen Punkt getroffen. "

Vielleicht war das so, weil in dieser Kampagne Gefühl und Fachwissen zusammentrafen – das Gefühl, dass es so nicht mehr weitergehen kann, will man das Land erhalten, und das Wissen darum, welche Bedeutung die Insekten auch für unser menschliches Leben haben. Dass wir uns, wenn wir weiter so wirtschaften, den Ast, auf dem wir sitzen, selbst absägen. Was nicht besonders klug ist.

Der Erfolg

Nach zwei Wochen war klar: Das Volksbegehren war angenommen. Etwas mehr als 1,7 Millionen von knapp 9,5 Millionen wahlberechtigten Menschen hatten sich dafür ausgesprochen – weit mehr als erforderlich.

Damit standen zwei Möglichkeiten im Raum: Die Landesregierung beziehungsweise das Parlament, der Bayerische Landtag, konnte das Volksbegehren ablehnen und hätte dann innerhalb von drei Monaten einen Volksentscheid über den Gesetzesentwurf durchführen müssen. Oder sie konnten die Gesetzesvorlage des Volksbegehrens unverändert einfach annehmen. Was der Landtag dann auch tat.

Und somit trat das Gesetz am 1. August 2019 in Kraft. Ein Erfolg auf ganzer Linie, und man kann viel daraus lernen. Gut ist, wenn es eine funktionierende Organisationsform gibt und eine von oben geplante Kampagne lokal verankert ist. Und wenn es eine starke Basis gibt, die sich das Thema zu Herzen nimmt.

> **Dabei ist auch schon der Weg zum Volksbegehren teilweise das Ziel.**

Denn so entsteht eine Debatte, und man erreicht Aufmerksamkeit für ein Thema, sei es regional oder auch überregional. Und vielleicht folgen dann auch andere Initiativen diesem Vorbild.

Was bei „Rettet die Bienen" genau so passiert ist: In Brandenburg läuft seit April 2019 eine von Umweltschutzverbänden geplante Initiative mit ähnlichen Zielen, und in Baden-Württemberg wurde das dortige „Volksbegehren Artenschutz – Rettet die Bienen" im August 2019 vom Innenministerium für zulässig erklärt. Und Bundesumweltministerin Svenja Schulze erklärte im Februar 2019, dass ein deutschlandweites Insektenschutzgesetz beschlossen werden soll – inwieweit das in Arbeit ist, ist allerdings noch unbekannt. Man könnte ja mal nachhaken.

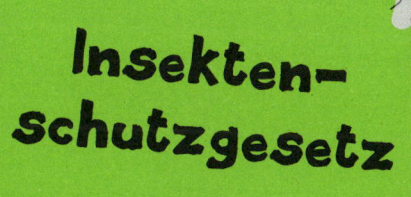

Insekten-schutzgesetz

Die Öffentlichkeit

Was nutzt es, wenn man was tut, und niemand erfährt davon?

Nicht viel, zumindest dann, wenn man eine politische Wirkung erzielen möchte. Dann ist die Presse ein wichtiger Partner.

Pressearbeit beinhaltet nicht nur, Interviews zu geben, in Mikrofone zu sprechen und in Kameras zu lächeln, sondern viel, viel mehr. Dazu gehört letztlich jede Form von öffentlicher Kommunikation und deren Planung.

Also: Wie bringe ich mein Thema in die Öffentlichkeit?

Die Pressemitteilung

Vielleicht zunächst durch eine **Pressemitteilung.** Für die gibt es ein paar Regeln, und wenn man die befolgt, schreibt sie sich fast von allein.

1. Kurz und knapp: Sie sollte nicht mehr als eine Seite umfassen. Zeilenabstand: anderthalb.

2. Die erste Überschrift heißt „Pressemitteilung", und daneben sollte stehen, von wem sie stammt, sprich: der Name und das Logo eurer Initiative. Dazu Ort und Datum.

3. Eine kurze thematische Überschrift, die erläutert, worum es geht. Die **muss** nicht knackig sein, darf es aber gerne sein. Wichtiger ist jedoch, dass der Sachverhalt, um den es geht, klar wird.

4. Ein kurzer Lead-Text: Das sind vier bis fünf Zeilen, in denen alles Wichtige steht. Also beispielsweise: wer, wo, was, wann – wenn es sich um eine Veranstaltung oder Aktion handelt. Der Lead soll die Aufmerksamkeit der Presseleute gewinnen. Mitunter wird er auch direkt als Kurzmeldung abgedruckt. Immer dran

denken: Journalisten und Journalistinnen bekommen am Tag nicht nur eine Pressemitteilung auf den Tisch, sondern 50. Sie haben wenig Zeit, erst einmal alles zu lesen und dann zu entscheiden, deshalb sollte das Wichtigste auf den ersten Blick erkennbar sein.

5. Der Haupttext: alles, was euch wichtig ist. Gut und nachvollziehbar beschrieben. **Kurze aktive Sätze,** viele Absätze. Mit kurzen, knackigen Zitaten eurer Sprecher oder Sprecherinnen oder von Fachleuten, die bei der ersten Erwähnung mit Vor- und Nachnamen und Funktion erwähnt werden. Diese Zitate sollten unmittelbar verständlich sein. Generell gilt: kein Fachchinesisch in der Pressemitteilung. Und auch hier: Das Wichtigste steht vorn – im Idealfall kann der zuständige Journalist oder die zuständige Journalistin die Pressemitteilung direkt als Artikel für seine bzw. ihre Zeitung übernehmen und sie dabei ohne Probleme von hinten kürzen. Der Aufbau folgt dem klassischen Fragemuster der W-Fragen: Wer macht was wann wo wie und warum?

Folgendes sollte man sich merken:

> **Pressemitteilungen** behandeln nur
> **ein Thema** und sind für Journalisten nur dann
> interessant, wenn sie **Neuigkeiten** bieten.

6. Ein paar Infos über euch und eure Initiative in einem eigenen Absatz am Ende der Pressemitteilung schaden nicht.

7. Name und Kontaktdaten eines Ansprechpartners oder einer Ansprechpartnerin angeben. Das ist wichtig für Rückfragen, falls noch jemand detaillierte Infos oder Zitate haben möchte (was ja schön wäre).

8. Wichtig: Rechtschreibung, Grammatik, Stil. Immer alles gegenlesen lassen.

9. Sucht euch die richtige Kontaktperson in der Redaktion: Das kann jemand sein, der direkt als verantwortlich für euer Thema genannt wird, es kann jemand sein, der öfter über ähnliche Themen geschrieben hat. Wenn das unklar ist, dann sendet sie an den Redaktionsleiter oder die Redaktionsleiterin.

Schickt eure Pressemitteilung immer mit einem sehr kurzen Begleitschreiben raus (das auch in die Mail reinkopiert werden kann, ist viel einfacher). In diesem muss nicht mehr stehen als: *„Sehr geehrte/r Herr/Frau Mustermann/-frau, im Anhang finden Sie die Pressemitteilung x anlässlich von y. Mit freundlichen Grüßen, Name, Pressesprecher/-in, Kontaktdaten".*

Als Mail versandt, steht im Betreff der Mail: *„Pressemitteilung" und die Überschrift.*

Bei Massensendungen: sich selbst als Empfänger angeben, alle anderen unter BCC (blind carbon copy) auflisten. Auf diese Weise sehen die Empfänger nicht, wer außer ihnen diese Mail bekommt.

Die Pressemitteilung ist raus – was dann?

Irgendwann mal schauen, was tatsächlich veröffentlicht wurde. Ein **google alert** mit ein paar Stichworten ist schnell eingerichtet, und er liefert recht gute Ergebnisse. So kann man sehen, was und wie viel von einer Pressemitteilung übernommen wurde. Legt einen Pressespiegel an mit möglichst allen oder zumindest mit den wichtigsten Artikeln, die über euch erschienen sind. Präsentiert die schönsten und aussagekräftigsten Artikel auf eurer Homepage.

Seid nicht enttäuscht, wenn die erste Pressemitteilung nicht gleich abgedruckt wird. Wenn ihr als Initiative noch klein und unbekannt seid, kann das schon mal passieren. Dann gibt es noch andere Möglichkeiten, in die Medien zu kommen: Man kann Leserbriefe oder Mails an Zeitungen oder das lokale Radio schreiben, man kann sich auf Onlineforen melden oder die Kommentarspalten von Onlinezeitungen nutzen.

Baut einen **Presseverteiler** auf: Darin nehmt ihr die Medien auf, die ihr mit euren Pressemitteilungen beliefern wollt. Zu jedem Medium solltet ihr notieren: Name (Zeitung X), die/den Ansprechpartner/-in (Redakteur/-in) im Ressort, Telefon, Fax, E-Mail- und Postadresse, vielleicht auch, ob und wie in dem Medium schon mal über euch berichtet wurde, wann der letzte Kontakt bestand und wann das Medium Redaktionsschluss hat. In den Verteiler solltet ihr auch freie Journalisten und Journalistinnen aufnehmen.

> **Wenn von Journalisten eine Anfrage zu einem Gespräch oder Interview kommt, gibt es eigentlich nur eine Antwort:**
>
> **Ja!**

Ablehnen sollte man solche Anfragen nie, es sei denn, sie kommen von Medien, mit denen man aus grundsätzlichen Erwägungen heraus nicht zusammenarbeiten will (Parteiblätter vielleicht).

Das Pressegespräch

Das sollte gut vorbereitet sein. Sprich: Ihr müsst eure Hauptaussage und Argumente kennen. Das verlangt Vorbereitung, beispielsweise solcherart, dass ihr euch im Vorfeld selbst die Fragen stellt, die ihr von den Medienleuten erwarten könnt. Sich Stichpunkte dazu zu notieren ist sinnvoll, ebenso sollte euch zu jeder Zeit klar sein, welche Kernbotschaften ihr selbst vermitteln wollt. Versucht, wann immer es geht, diese Botschaften mit Beispielen zu unterfüttern, das heißt, eine Geschichte zu erzählen. Es geht darum, eine Kernbotschaft zu platzieren, die Leute von sich zu begeistern, sie zu überzeugen, sie mitzunehmen. Es geht darum, kritische Fragen gut zu beantworten und Fragen umformulieren zu können, sodass man die Chance hat, die eigene Botschaft zu platzieren. Es geht darum, sympathisch zu sein, viel zu reden und zu erzählen. Wenn man Glück hat, sind auch die Gesprächspartner sympathisch und identifizieren sich mit einem, es gibt allerdings auch andere. Manchmal wollen Journalisten oder Journalistinnen euch in eine Falle laufen lassen, da muss man aufpassen. Immer souverän vorbereitet zu sein, schlagfertig zu sein – das ist da das Wichtigste.

Ihr müsst für euer **Thema** brennen und es mit **Argumenten** verteidigen können, zur Not auch vor Kameras.

Eine Webseite entwerfen

Will man eine größere Kampagne starten, kommt man um einen Auftritt im Internet nicht drum herum. Eine eigene Webseite ist da hilfreich, und sie muss übersichtlich gestaltet sein.

Die Startseite enthält

➡ eure Forderungen – klar und übersichtlich

➡ eine Erklärung, wie man euch unterstützen kann: mit einer Online-Unterschrift, mit Unterschriftenlisten zum Ausdrucken (um selbst welche sammeln zu können)

➡ die Möglichkeit, sich für einen eventuellen Newsletter anzumelden

➡ Termine und Neuigkeiten

➡ Links zu den Social-Media-Kanälen

➡ vielleicht einen Spendenbutton

➡ und: einen Link zum Impressum mit Datenschutzerklärung

Unterpunkte und Menüpunkte könnten sein:

➡ Ziele und Erläuterungen

➡ FAQ – die häufig gestellten Fragen mit Antworten. Hier findet man alle eure Argumente und die Fragen der Gegenseite.

➡ Presse: Hier werden die Kontaktpersonen für die Presse genannt, hier können Pressefotos heruntergeladen werden, hier finden Journalisten und Journalistinnen Presseerklärungen und können diese auch abonnieren.

➡ Über uns: Wer organisiert die Kampagne? Stellt euer Team vor – gerne mit Foto und einem Satz, warum er oder sie sich engagiert.

➡ Kontakt: Gut ist ein Kontaktformular mit einer Sicherung gegen Spam-Mails.

Social Media

Gut genutzt, sind Facebook, Twitter oder Instagram wichtig für jede Kampagne. Dabei sollte man aber ein paar Dinge beachten:

➡ Meldet euch unter einem aussagekräftigen Namen an.

- ➡ **Nicht übertreiben.** Twitter ist ein schnelles Medium, da kann man ruhig mehrere Tweets am Tag veröffentlichen. Zu viel ist aber auch nicht gut – das nervt die Follower vielleicht. Bei Facebook oder Instagram reichen höchstens zwei News pro Tag.
- ➡ **Humor hilft.** Zuspitzung auch. Das heißt: kurz und knapp sein. Social Media sind nicht für ausführliche Aussagen gemacht. Sie können höchstens auf längere Artikel, Filmausschnitte, Nachrichten und Ähnliches verweisen.
- ➡ Facebook eignet sich gut, um Veranstaltungen zu posten.
- ➡ Wichtig: Folgt anderen Akteuren, die ähnliche Ziele haben. So kann man sich prima vernetzen.
- ➡ Hashtags helfen, Botschaften zu verbreiten.

Plastikbecher raus aus den Fußballstadien

Nick Heubeck ist 21 Jahre alt und studiert Kommunikations- und Politikwissenschaft in Bamberg. Er ist bei Fridays for Future aktiv, außerdem startet er Petitionen. Im Jahr 2018 hat er eine kurze und sehr erfolgreiche Kampagne durchgeführt – eine, die zeigt, dass politisches und gesellschaftliches Engagement wirklich allen möglich ist und dass es manchmal nur auf eines ankommt: einfach machen. Denn dank Nick Heubecks Idee und Einsatz ist der Verbrauch von Plastikbechern in der Deutschen Fußball Bundesliga um mehrere Millionen im Jahr zurückgegangen.

Wie kamst du auf die Idee?

Ich bin ja Fußballfan. Und ich bin schon lange umweltbewusst. Eines Abends habe ich mit Freunden zusammengesessen. Wir haben über Fußball gesprochen, die verschiedenen Stadien, in denen wir waren, und irgendwie kamen wir darauf, wie unterschiedlich die Vereine mit dem Problem umgehen: Woraus trinken die Fans ihr Bier, ihre Cola, Limo oder ihr Wasser im Stadion? Manche Vereine hatten Mehrwegbecher, andere einfaches Wegwerfplastik.

Eigentlich müssten große Fußballvereine als gutes Beispiel vorangehen und ihre Heimspiele so umweltfreundlich wie möglich gestalten. Doch das ist nicht so – vor allem der Plastikmüll ist gigantisch. Plastik-Einwegbecher gab es in München genauso wie in Dortmund. Eine kurze Recherche zeigte, dass

es in der Ersten und Zweiten Fußball Bundesliga mehr als **11 Millionen** pro Saison sind. Und das, obwohl wir alle wissen, wie unsere Welt mit Plastik verseucht ist. Eine Katastrophe.

Und dann?

Ich war sauer. Ich wollte etwas tun, nachdem ich nun wusste, wie groß das Problem ist. Und dass man die Mehrwegbecher im Schnitt 41-mal benutzen kann.

**„Weg mit den Einwegbechern",
war die Devise.**

Ich habe dann überlegt, wie ich meiner Forderung am meisten Gehör verschaffen kann. Ich kannte Onlinepetitionen bislang nur passiv, sprich: Ich hatte schon einige unterschrieben. Ich habe dann beschlossen, selbst eine zu starten. Auf **change.org**, der weltweit größten Petitionsseite. Dass Borussia Dortmund zukünftig wieder Mehrwegbecher im Stadion nutzen solle. Dortmund hatte ich ausgewählt, weil der Verein erst seit wenigen Jahren Einweg-Plastikbecher verwendete, aber mit über 1,5 Millionen pro Saison die meisten verbrauchte. Und ich hatte, als ich die Petition mit einem Klick abschickte, das Gefühl, jetzt wird sich hoffentlich was bewegen. Aber sicher – sicher war ich mir nicht.

Wie bist du dann weiter vorgegangen?

Zuerst habe ich die Petition mit meinen Freundinnen und Freunden auf Facebook geteilt. Viele haben unterschrieben und die Petition weiterverbreitet, das war schon mal gut. Richtig Schwung kam aber auf, als change.org die Petition in ihren Newsletter aufgenommen hat. Da konnte man sehen, wie die Zahl der Unterstützer wuchs. Nach drei Tagen waren es knapp 35.000 Menschen, bis März 2018 dann 82.000 Menschen – so viele, wie das Stadion von Borussia Dortmund fasst. Bald unterstützte mich auch die Deutsche Umwelthilfe mit ihrem Fachwissen und den Kontakten zu den Bundesligavereinen bei der Durchführung der Petition. Und viele Fußballfans fanden meine Initiative auch gut, weil sie nicht verstehen konnten, warum Dortmund die Mehrwegbecher abgeschafft hatte.

Gab es auch Probleme?

Ja, zunächst war vielen nicht klar, dass Mehrwegbecher die beste und umweltfreundlichste Alternative sind. Ob die in Dortmund verwendeten sogenannten Bioplastikbecher nicht doch besser seien. Da mussten wir dann noch weiter informieren, dass diese Becher aus dem Biokunststoff Polymilchsäure (PLA) mit Umweltschutz überhaupt nichts zu tun haben. Beispielsweise braucht man in einer industriellen Spülmaschine nur 0,1 Liter Wasser zum Reinigen eines Mehrwegbechers, für die Herstellung von nur einem Kilo Mais, aus dem der Biokunststoff besteht, aber bis zu 900 Liter Wasser. Was bedeutet, dass man einen Liter Wasser für einen Becher braucht, der dann auf den Müll fliegt.

Wie hat Borussia Dortmund denn reagiert?

Sehr positiv. Im Sommer 2018 habe ich dem Geschäftsführer der Borussia, Carsten Cramer, und den Verantwortlichen des Vereins knapp 100.000 Unterschriften übergeben. Wir haben eine Stunde miteinander gesprochen, und danach sicherten die Vereinsvertreter zu, dass sie unsere Forderung erfüllen. Ich war echt begeistert: sechs Monate Onlinepetition, eine Handvoll Zeitungsartikel und ein sehr konstruktives Gespräch mit dem Geschäftsführer des Vereins – und wir haben es geschafft. Das war großartig. Leider wurde die Maßnahme bislang noch nicht im ganzen Stadion umgesetzt: Auf der Stehtribüne werden immer noch Einwegbecher verwendet, aber solche, die etwas nachhaltiger sind als die alten. Der Verein sagt, dass man dort keine Mehrwegbecher benutzen kann, weil diese wegen ihres Gewichts bei einem Wurf gefährlicher sind. Aber auch da gibt es andere Lösungen – hier muss der BVB zeitnah noch einmal ran!

Und bist du stolz?

Das ist vielleicht das falsche Wort. Obwohl – ein bisschen schon. Aber ich habe es ja nicht allein gemacht – die 100.000 Menschen, die unterschrieben haben, waren dabei, die Umwelthilfe, auch Glück. Wir sparen mit der Umstellung pro Jahr über eine Million Becher allein in Dortmund, und einige Stadien sind dem Vorbild gefolgt. Also ist das schon ein guter Erfolg! Und das Engagement hat auch wirklich viel Spaß gemacht.

Es hat mir gezeigt, dass ich auch als Einzelner viel in der Gesellschaft bewegen kann.

Was ist eine politische Kampagne?

Bei Wikipedia findet sich eine ziemlich gute Definition dessen, was eine Kampagne ist: „Eine Kampagne ist eine zeitlich befristete Aktion mit einem definierten Ziel, das durch geplantes und koordiniertes Zusammenwirken mehrerer Personen oder Akteure zu erreichen versucht wird."

Zeitlich befristet: Das bedeutet, man muss die Kräfte bündeln. Es gibt Kampagnen, die recht lange dauern, die meisten mobilisieren aber schnell und unmittelbar auf ein Ziel hin. Sei es, um einen Volksentscheid oder Ähnliches durchzusetzen, ein Gesetz zu verhindern oder ein

Thema in der Öffentlichkeit zu verankern. Geplantes und koordiniertes Zusammenwirken: Das heißt, dass man wenig dem Zufall überlassen sollte.

> **Man muss also vorab planen, was wann wie zu tun ist, um das Ziel zu erreichen.**

Werbeagenturen planen Kampagnen. Die Frage ist: Wie erzeuge ich schnell große Aufmerksamkeit für mein Produkt? Das kann klassische Werbung im Kino, in Zeitschriften oder im Fernsehen sein, mehr oder weniger witzig und originell, mit oder ohne Einsatz von Prominenten. Es können aber auch bei bestimmten Artikeln gezielte öffentliche Aktionen sein. Beispielsweise werden Markteinführungen von Getränken oder Süßigkeiten oft dadurch flankiert, dass die entsprechenden Produkte bei Großveranstaltungen umsonst verteilt werden. Aber eben zeitlich befristet.

Will man auf der Welt etwas ändern, sind Kampagnen auch keine schlechte Wahl. Denn zum einen zeigt sich, wie schnell man ein Thema im Bewusstsein der Menschen verankern kann, zum anderen auch, ob man eine offene Tür einrennt (sprich: die Menschen sowieso schon überzeugt sind und es nur noch ein paar kleinere Stellschrauben zu drehen gibt) oder ob man mit viel Geduld ein dickes Brett langsam durchbohren muss. Max Weber, der weiter vorn schon mal vorkam, hat gesagt, dass Politik das langsame Bohren von harten Brettern sei. Was meistens stimmt, mitunter reicht aber auch nur ein kleiner Piks.

WICHTIG!

Wichtig für Kampagnen sind **drei Fragen,** die man im Vorfeld möglichst beantworten sollte: Was wollen wir erreichen? Welche Strategie setzen wir ein? Und wie verankern wir das Ziel darüber hinaus in der Öffentlichkeit – wie bleibt das Thema im Gespräch? Vor allem die dritte Frage ist am Anfang oft nur schwer zu beantworten, und es wird auch nicht immer klappen.

Greta Thunberg hat mit ihrem Pappschild vor dem schwedischen Parlament ja auch viel bewegt, ohne dass sie sich vermutlich viele Gedanken über das weitere Vorgehen gemacht hat. Geträumt hat sie vielleicht, dass sich ihr viele anschließen, aber eine Garantie dafür hatte sie natürlich nicht.

Was wollen wir erreichen?

Eine zündende Forderung muss her, eine, die sich auch gut vortragen lässt. Kurz, präzise, zugespitzt. Ein Wort, vielleicht auch drei. Zum Beispiel „Klimagerechtigkeit". Oder: „Ja zur Verkehrswende". Man muss dem Gegenüber in wenigen Worten und in kurzer Zeit vermitteln können, was man eigentlich will. **„Elevator pitch"** heißt das Stichwort –

sprich: Man muss seine Botschaft oder sein Anliegen während einer kurzen Fahrstuhlfahrt verkaufen können. Stellt euch also vor, dass ihr eine wichtige Person im Fahrstuhl trefft, nur sehr kurze Zeit zum Reden habt, am Ende aber diese Person so überzeugt ist, dass sie sich mit euch zu einem längeren Gedankenaustausch treffen möchte.

Weckt Neugierde – das geht oft am besten mit **positiven** Aussagen und **kurzen, knackigen** Begründungen.

Die Kommunikation

Immer extrem wichtig. Wen will ich wie erreichen, das ist hier die Frage. Geht es um eine Ampel auf dem Schulweg, sind es die Eltern, die lokalen Medien, die Vertreter und die Vertreterinnen der Parteien. Da braucht es vielleicht eine Presserklärung, Flyer, man muss sich an die Kreuzung stellen, die Presse dazu einladen, Fotos machen,

Plakate malen, Unterschriften sammeln und die dann den Verantwortlichen übergeben. Hier empfiehlt sich eine möglichst direkte Kommunikation.

Wie bekommt man denn überhaupt Leute mobilisiert? Am besten klein anfangen. Freunde einladen, das Ganze über Social Media bewerben, Personen direkt ansprechen.

Und man muss sich überlegen, was man schaffen kann. Kriegt man genug Leute für eine Demonstration zusammen oder steht da nur ein kleines versprengtes Häufchen, das nichts bewirkt, ja sogar eher lächerlich wirkt? Lohnt es sich, 20.000 Flyer drucken zu lassen, wenn man nicht genug Leute oder Zeit hat, um die Flyer überhaupt zu verteilen? Schließlich ist die Kampagne ja etwas, was neben dem normalen Alltag läuft.

Geht es um Fragen, die beispielsweise den Bundestag betreffen, ist es schon schwieriger. Man müsste ja bundesweit und auch in Berlin auftreten, was zugegebenermaßen schwieriger ist, wenn man in Kaufbeuren, Krefeld oder Kiel wohnt.

www.

Das Internet hat das allerdings erleichtert. Zusätzlich gibt es hochprofessionelle Organisationen, die bestimmte Kampagnen durchführen. Beispielsweise **Campact (campact.de)**, eine 2004 gegründete Nichtregierungsorganisation, die versucht, sich mit Onlineappellen direkt an Verantwortliche in Parlamenten, Regierungen oder Konzernen zu wenden. Dazu kommen Aktionen oder Demonstrationen; Ziel ist es, die Gesellschaft in eine progressive Richtung zu verändern. Laut Campact-Webseite ist das eine Politik, die „unsere Umwelt schützt und Frieden schafft, demokratische Teilhabe stärkt und gleiche Bildungschancen gewährleistet, Bürgerrechte verteidigt und Geflüchtete willkommen heißt, für soziale Gerechtigkeit sorgt und für eine solidarische Steuerpolitik eintritt, die Diskriminierung abbaut und Gleichberechtigung herstellt".

Zu welchen Themen Campact Kampagnen durchführt, entscheidet der Vorstand nach Beratung mit dem Team und nach einer Umfrage unter mindestens 1.000 Unterstützenden aus dem Campact-Newsletter-Verteiler. Findet sich dort keine Mehrheit, wird das Thema nicht aufgegriffen.

Gleichzeitig betreibt Campact auch die Plattform **we act** (**weact.campact.de/**), auf der jeder Mensch seine eigene Petition starten kann – eine Online-Unterschriftensammlung. We act versteht sich genau wie Campact als eine Plattform für progressive Politik. Deshalb löscht we act Petitionen, die nicht den Grundsätzen von Campact entsprechen. Andere Plattformen wie **open petition** (**openpetition.de/**) haben sich zwar auch auf allgemeine Werte verständigt (bei open petition heißt es „Rassismus, Menschenfeindlichkeit und Diskriminierung haben bei uns keinen Platz"), es wird aber nicht explizit von progressiver Politik gesprochen.

Eine weitere Bewegung, die Onlinekampagnen betreibt (allerdings vorwiegend international), ist **avaaz**

(www.avaaz.org/page/de/). Eine große Onlinepetitions-Plattform ist auch **www.change.org.**

Kritiker der Onlinekampagnen werfen diesen vor, dass es kein wirkliches Engagement sei, im Internet schnell eine Petition zu unterschreiben. Wir halten den Vorwurf für ziemlich hergeholt: Natürlich ist es einfacher, im Internet auf einen Button zu klicken, als auf eine Demonstration zu gehen oder gar ein Kraftwerk zu blockieren. Vielleicht zeigt das Demonstrieren wirklich mehr Engagement.

> Aber auch **kleine** Schritte können etwas bewirken – irgendwo fängt jedes Engagement ja an.

Und hat eine Petition eine bestimmte Größenordnung erreicht, beschäftigt sich auch die Politik damit. Mitunter muss sie das sogar. Denn auch beim Bundestag sind direkte Petitionen möglich. Wird dort eine Petition innerhalb von vier Wochen von 50.000 oder mehr Menschen unterstützt, wird über sie im Regelfall im Petitionsausschuss des Bundestages öffentlich beraten. Die Person, die sie eingereicht hat, wird zu dieser Beratung eingeladen und erhält Rederecht.

(https://epetitionen.bundestag.de/)

Das liebe Geld

Kampagnen kosten. Man muss Plakate drucken oder Flyer, vielleicht auch Aufkleber. Oder vielleicht möchtet ihr jemanden einladen, der oder die sich mit dem Thema gut auskennt, aber nicht vor Ort lebt. Wo kriegt man Geld her? Es gibt natürlich die Möglichkeit, in der Kampagne direkt dafür zu werben. Geldsammeln und Information lassen sich auch beim Crowdfunding verbinden. **Crowdfunding** (zu Deutsch etwa „Schwarmfinanzierung") bedeutet, dass man viele kleine Spenden einsammelt, um so sein Projekt zu finanzieren. Es gibt Webseiten, die dafür die Technik bereitstellen, wie etwa **www.betterpace.org**, **www.gofundme.com**, **www.gemeinschaftscrowd.de** oder **www.startnext.com**.

Ohne Spenden überlebt eure Kampagne nicht. Bittet Leute um Geld, und sprecht auch größere Organisationen wegen Spenden an.

Und wie geht es weiter?

Nicht jede Kampagne ist sofort erfolgreich. Eine Ampel kriegt man vielleicht schnell – vielleicht aber auch nicht, weil zu viele Politiker und Politikerinnen den Autos lieber freie Fahrt einräumen wollen. Bei einer deutschlandweiten oder gar weltpolitischen Frage wird man wahrscheinlich ebenfalls nicht ganz so schnell offene Türen einrennen.

Deshalb sollte man schon im Vorfeld darüber nachdenken, wie man nach der Kampagne weitermachen will. Was soll passieren, wenn ihr das Thema durch die Kampagne bekannt gemacht habt? Wie viel Kraft habt ihr, dann weiterzumachen, euch kontinuierlich für das Ziel einzusetzen? Wie gewinnt ihr Mitstreiter und Mitstreiterinnen, wie motiviert ihr euch, auch wenn etwas schiefgeht? Was sind die nächsten Schritte?

Es ist gut, wenn man sich vorher darüber Gedanken gemacht hat. Denn sonst kann der Elan, den man durch eine gelungene Kampagne gewonnen hat, schnell verpuffen.

Bleiben wir mal bei dem Beispiel mit der Ampel. Es gab eine erste Aktion mit Flyern, mit Anwohnern und Betroffenen. Ihr standet an der Kreuzung, habt Plakate hochgehalten und viele Unterschriften gesammelt. Auch die lokale Presse hat darüber berichtet. Als Auftakt gut, doch nun beginnt der zähe Part. Wer ist eigentlich im Stadtbezirk verantwortlich, wenn eine neue Ampel aufgestellt wird? Wen muss man ansprechen? Und wie kommt man am besten an ihn oder sie heran? Oder sind es unterschiedliche Stellen? Wie schnell kann das gehen? Und wenn wir jetzt anfangen, in Ruhe zu verhandeln und Gespräche zu suchen, sind schnell wieder zwei Monate vorbei und unser Thema ist vergessen. Alles schläft langsam ein. Wie können wir das verhindern?

Die Periode ist kein Luxus

Der 8. März ist der Internationale Frauentag. An diesem Tag geht es um Gleichberechtigung – um die Gleichstellung der Geschlechter.

Und am 8. März 2018 starteten die beiden Studentinnen Nanna-Josephine Roloff und Yasemin Kotra ihre Petition auf change.org. Eine Petition, die etwa anderthalb Jahre später zu einer Gesetzesänderung führte.

Nanna-Josephine Roloff:

 Ich hatte gerade mein Studium fertig. Politik und Öffentliches Recht. Und ich war im Februar 2018 auf einer Tagung mit Workshops, so einem Barcamp, und da habe ich mich gefragt, was ich tun kann. Es ging um Frauenrechte, und Yasemin, die auch dort war, und ich wollten etwas bewegen. An einem konkreten Punkt Diskriminierung aufzeigen und was dagegen tun.

Denn Nanna-Josephine Roloff und Yasemin Kotra sind der Meinung, dass in Deutschland in Sachen Gleichberechtigung noch einiges im Argen liegt. Sie wollten sich aber nicht verzetteln, indem sie an vielen verschiedenen Baustellen gleichzeitig bastelten. Sie suchten ein Thema, auf das sie sich konzentrieren konnten.

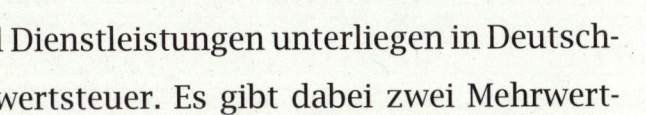 Etwas, in das ich meine Energie hineinstecke.

Alle Waren und Dienstleistungen unterliegen in Deutschland der Mehrwertsteuer. Es gibt dabei zwei Mehrwertsteuersätze, einmal sind es sieben, einmal 19 Prozent.

Grob gesagt, gilt der niedrigere Mehrwertsteuersatz für alles, was im Alltagsleben wichtig ist, also für Essen und Trinken beispielsweise. Die Idee ist, dass Waren des alltäglichen Bedarfs wie Nahrungsmittel, die der Grundversorgung dienen, nicht durch den höheren Steuersatz künstlich verteuert werden. Luxusprodukte, die man nicht unbedingt braucht, dürfen dagegen teurer sein. Allerdings tummeln sich hier allerlei Absurditäten: So zahlt man auf Gänseleber, Garnelen oder Froschschenkel, aber auch auf Gummibärchen nur sieben Prozent Mehrwertsteuer – sie zählen also zur Grundversorgung. Fertige Babynahrung hingegen nicht – da werden dann 19 Prozent fällig.

Auch Tampons und Binden sowie Menstruationstassen werden mit 19 Prozent besteuert. Doch ist das okay? Sind das nicht Waren des alltäglichen Bedarfs? Nanna-Josephine Roloff und Yasemin Kotra schreiben in ihrer Petition:

> **Die hohe Besteuerung dieser Produkte stellt eine fiskalische Diskriminierung von Frauen aufgrund ihres Geschlechts dar, die das Grundgesetz eigentlich nicht erlaubt.**

Und damit haben sie zweifellos recht – es **ist** eine steuerliche Ungleichbehandlung von Frauen. Frauen können sich nicht aussuchen, ob sie menstruieren wollen oder nicht. Binden und Tampons sind daher lebensnotwendig.

Der ermäßigte Steuersatz von sieben Prozent wurde 1968 eingeführt. Damals saßen 518 Abgeordnete im Deutschen Bundestag, die das Gesetz beschlossen,

36 von ihnen waren Frauen. 1967 musste ein Ehemann noch zustimmen, wenn seine Frau einer Arbeit nachgehen wollte – eine Lobby für Frauen gab es nicht. Roloff und Kotra:

99 Kein Wunder, dass nicht an die Bedürfnisse der Frauen gedacht wurde und dass es Menstruationsprodukte nicht auf die Liste der lebensnotwendigen Produkte schafften. Es gab einfach zu wenig Frauen in Entscheidungspositionen, um die weibliche Lebenswelt in der Gesellschaft angemessen zu berücksichtigen. Es ist unsere Aufgabe, das zu ändern und auch dafür zu sorgen, dass die Menstruation in die öffentliche Wahrnehmung rückt. 66

Denn das ist das Erstaunliche: In unserer so aufgeklärt erscheinenden Zeit ist die Menstruation offensichtlich immer noch ein Tabuthema. Das zeigt eine repräsentative Umfrage, die Nanna-Josephine Roloff gemeinsam mit dem Forschungsinstitut Appinio in Auftrag gegeben hat. Die große Mehrheit der 500 Mädchen und Frauen zwischen 16 und 60 Jahren verband gedanklich etwas Negatives mit der Monatsblutung: Die meisten empfanden sie anfänglich als „unangenehm" (34 Prozent), waren „verunsichert" (29 Prozent), gar „verängstigt" (21 Prozent) oder schämten sich (19 Prozent). Lediglich fünf Prozent empfanden nach Einsetzen ihrer ersten Regel Freude oder Stolz.

Die Petition der beiden war unmittelbar ein Erfolg.

Die 15.000 Unterschriften der zu diesem Thema vorangegangenen Petition konnten sie übernehmen. Einige Medien wurden sofort auf die Petition aufmerksam und fragten nach. Bereitwillig gaben die beiden Interviews und entwickelten Argumente für die unterschiedlichen Zielgruppen: dass für manche Frauen der Unterschied zwischen sieben und 19 Prozent auch wirtschaftlich bedeutsam ist – denn der Hartz-IV-Regelsatz sieht beispielsweise für Gesundheitspflege nur 15,55 Euro im Monat vor. Dass anderen eher die Frage der prinzipiellen Gleichheit wichtig ist.

> 99 Zwei Argumente haben wir öfter gehört. Das eine: Habt ihr nichts Besseres zu tun? Darauf gab und gibt es nur eine Antwort: Nein, wohl nicht. Wir wollen ganz konkret etwas bewegen. Und es ist unser Recht, uns auszusuchen, in welchem Bereich. 66

Das zweite Argument, das den beiden häufiger begegnete, lautet so: Die Politik kann zwar die Steuer senken, es ist aber nicht sicher, dass deswegen Tampons und Binden billiger werden. Die Unternehmen können doch einfach die Preise so lassen und höhere Gewinne einfahren.

> 99 Das kann natürlich sein. Natürlich ist das nicht sicher. Aber das ist kein Argument, nicht gegen eine Ungleichbehandlung vorzugehen. 66

Nanna-Josephine Roloff war erstaunt, wie schnell ihre Petition Unterstützerinnen und Unterstützer fand.

> 99 Wir hatten ein paar Interviews gegeben, und plötzlich schnellten die Zahlen hoch. Ich saß am Rechner, schaute auf die Petition, sah, wie der Zähler, der die Unterschriften zählte, hochging, und dachte: Das muss ein technischer Fehler sein. Das kann nicht sein. Es war aber keiner. Es war real. 66

Vielleicht half ja auch, wie sie lächelnd sagt, „ein bisschen Aggressivität in der Kommunikation". Das sei manchmal gut, weil dann die Positionen deutlicher würden.

Das Europäische Parlament hat inzwischen reagiert. Es sprach sich dafür aus, die Steuer auf Produkte wie Tampons und Binden zu senken. In Ländern wie Australien, Irland, Kanada und Kenia ist die Steuer auf Menstruationsprodukte komplett abgeschafft.

Im Herbst 2019 war das Ziel der Kampagne, 200.000 Unterschriften unter den Aufruf zu bekommen. Viel fehlte nicht mehr dazu, und es gab auch viele Gespräche mit Politikerinnen und Politikern, die versuchten, über den Bundesrat die Gesetzeslage zu verbessern. Der Bundesrat ist als Länderkammer wichtig, weil die Mehrwertsteuereinnahmen überwiegend in die Länder fließen.

Dann ging alles sehr schnell. Anfang Oktober 2019 sprach sich Bundesfinanzminister Olaf Scholz dafür aus, den Mehrwertsteuersatz für Tampons und Binden zu senken. Nanna-Josephine Roloff:

,,Das war ein sehr aufregendes Wochenende, eine Achterbahnfahrt zwischen höchstem Glück und akuten Tränenausbrüchen."

Sie und Yasemin Kotra beschreiben auf change.org, wie sie von Bundesfinanzminister Olaf Scholz empfangen wurden:

" Wir freuen uns, sind aufgeregt und gespannt, wie das Treffen wird. Wie wird es, wenn du dem Menschen gegenüberstehst, den du seit anderthalb Jahren aufforderst zu handeln?

Die anfängliche Nervosität lässt langsam nach. Staatssekretärin Hagedorn zeigt sich begeistert von unserem Engagement, erkennt, dass es uns um mehr geht, um das Prinzip hinter der Tamponsteuer. Sie ist schon lange in der Politik und kann ein Lied von der Geschlechter(un-)gerechtigkeit singen. Olaf (Scholz) ist stolz darauf, dass diese Forderung aus seiner Hamburger SPD kommt, erklärt die Gründe für sein Schweigen und auch für seine plötzliche Stellungnahme. Er sagt, wenn wir diese Bewegung nicht geschaffen hätten, dann wäre das so nicht möglich gewesen. Wir hätten ein Momentum geschaffen, die Menschen überzeugt und etwas losgetreten. Er fragt uns, ob wir angefeindet wurden, wie wir auf das Thema gekommen sind. Ob wir wirklich nur zu zweit hinter dieser Kampagne stecken würden. Es ist ein angenehmes Gespräch. Wir werden ernst genommen, unser Anliegen erhält den Stellenwert, den es verdient. **"**

Im Jahressteuergesetz 2019 (einem Gesetz, das jedes Jahr verabschiedet wird, um bestehende Steuergesetze zu aktualisieren) wurde die Anlage 12 des Umsatzsteuergesetzes geändert:

Artikel der **„Monatshygiene für Frauen"** wurden in den Katalog der Produkte mit dem ermäßigten Steuersatz aufgenommen. Sprich: Tampons und Binden unterliegen seit dem 1. Januar 2020 dem ermäßigten Steuersatz.

Nanna-Josephine Roloff ist glücklich, dass sie und Yasemin Kotra etwas bewirkt haben. Wichtig sei gewesen, dass sie nicht allein war:

"Dass wir das zu zweit angeschoben haben, war gut, denn wenn man zu mehreren ist, kann man sich immer wieder mal die Bestätigung geben, dass das, was man tut, wichtig und richtig ist. Das braucht man, das tut gut und erleichtert es, immer weiterzumachen."

Eine Kommentatorin schreibt auf change.org zu dem Erfolg:

„Leute wie euch braucht die Welt! Um die Welt zu bewegen. Toll. **Danke,** dass ihr das möglich gemacht habt!"

Das nächste Projekt steht auch schon fest, Nanna-Josephine Roloff und Yasemin Kotra machen weiter: Das Ziel ist die kostenlose Bereitstellung von Menstruationsartikeln in allen öffentlichen Einrichtungen. Dafür haben sie sich mit einer kleinen Media-Agentur zusammengetan, die ihnen kostenlos hilft, ihre Kampagne zu entwickeln.

Plant-for-the-Planet

Manchmal beginnt alles mit einem Kuscheltier. In diesem Fall mit einem Eisbären. Felix Finkbeiner bekam einen geschenkt, der Eisbär wurde zu seinem Lieblingstier, und als Felix neun Jahre alt war, sollte er in der Schule ein Referat über die Klimakrise halten. Das war 2007 – schon damals waren die Fakten ja alle bekannt. Er begann zu recherchieren und erfuhr, dass seine Lieblingstiere, die Eisbären, in großer Gefahr sind. Und nicht nur die Eisbären, sondern auch die Menschen. Felix erzählt:

„ Als ich gelesen hatte, wie viel CO_2 wir mit unseren Autos, Flugzeugen, Häusern, Fabriken und Kraftwerken in die Luft pusten und was das Kohlendioxid und die anderen Treibhausgase in der Atmosphäre anrichten, ist mir richtig schlecht geworden. Da heizt sich das Klima auf, die Gletscher schmelzen und der Meeresspiegel steigt – unsere Zukunft wird zerstört, und die Menschen sitzen einfach rum und diskutieren? **Warum tut da keiner was?** "

Nun kann man lange darüber lamentieren und klagen, warum niemand was tut, man kann aber auch einfach handeln. Felix war fasziniert, als er von der kenianischen Friedensnobelpreisträgerin Wangari Mathaai las, die in 30 Jahren mit Frauen in Afrika 30 Millionen Bäume gepflanzt hatte – gegen die Bodenerosion in ihrem Land. Er wusste auch, dass Bäume bei ihrem Wachstum CO_2 binden und sie somit das Klima verbessern, und deshalb sagte er am Ende seines Referates zu seinen Mitschülern:

„Lasst uns in jedem Land der Erde eine Million Bäume pflanzen!"

Eine Million war so ungefähr die größte Zahl, die er sich damals vorstellen konnte.

So entstand Plant-for-the-Planet. Ein erster Baum wurde gepflanzt, eine Webseite entstand, die nächsten Bäume folgten, Felix hielt hier und da Reden, noch mehr Bäume kamen hinzu, Medien sprachen ihn an, es wurde berichtet, und Plant-for-the-Planet wuchs. Und die Anzahl der Bäume ebenfalls.

Inzwischen gibt es weltweit Plant-for-the-Planet-Gruppen, was auch damit zusammenhängt, dass die UNEP (United Nations Environment Programme, Umweltprogramm der Vereinten Nationen) im Dezember 2011 die Verantwortung für ihre „UN Billion Tree Campaign" an die Plant-for-the-Planet-Foundation übergab. Im Rahmen der UN-Kampagne sollen 1 Billion (1.000 Milliarden) Bäume gepflanzt werden.

Um das leichter zu machen, entwickelt Plant-for-the-Planet gerade eine Handy-App, damit jeder mit nur ein paar Klicks ganz einfach weltweit Bäume pflanzen kann. In der App werden aktuell ca. 45 Pflanzprojekte aus aller Welt vorgestellt: einfach ein Projekt auswählen und Bäume spenden. Jeder Baum, der über die Plant-for-the-Planet-App gespendet wird, wird im globalen Baumzähler mitgezählt.

Plant-for-the-Planet heute

Ziel von Plant-for-the-Planet ist, diese 1 Billion Bäume gegen die Klimakrise zu pflanzen. Auf der Welt gibt es aktuell drei Billionen Bäume, und es ist noch Platz für eine weitere Billion Bäume – auch ohne dass man dafür Flächen braucht, die zum Anbau von Lebensmitteln benutzt werden.

Plant-for-the-Planet pflanzt Bäume weltweit. Jeweils vor Ort, wo es Gruppen und Initiativen gibt, aber auch gegen Spenden auf stiftungseigenem Grund auf der Yucatán-Halbinsel in Mexiko. Die Bäume werden dort in einer eigenen Baumschule gezogen. Hier wachsen die Bäume viermal so schnell wie in unseren Breitengraden und speichern so deutlich schneller und deutlich mehr CO_2. Außerdem verschaffen sie den Menschen vor Ort Arbeit und ein sicheres Einkommen – schon über 100 Mitarbeitende sind bei dem Pflanzprojekt angestellt.

Etwa einen Euro kostet es zurzeit, einen Baum zu pflanzen.

Mitmachen: Wie geht das?

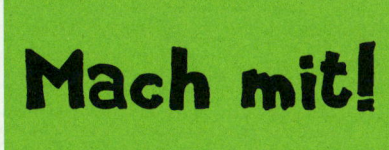

Plant-for-the-Planet bildet Kinder und Jugendliche zu Botschaftern für Klimagerechtigkeit aus. Auf der Webseite der Organisation **(www.plant-for-the-planet.org/de)** findet sich der Punkt „mitmachen" und dort der Unterpunkt „Akademien": Kinder und Jugendliche geben in diesen Akademien ihr Wissen an andere Kinder und Jugendliche weiter. In eintägigen Workshops werden „BotschafterInnen für Klimagerechtigkeit" ausgebildet: Die Kinder hören einen Vortrag über die Klimakrise und Plant-for-the-Planet, sie erfahren das Wichtigste über das Klima und darüber, was Klimagerechtigkeit eigentlich ist. Sie lernen von Rhetoriktrainern, selbst gute Vorträge zu halten. Außerdem findet auch immer eine Pflanzaktion statt, und es werden weitere Aktionen, wie Infostände oder Vorträge in Schulen oder bei Events, geplant.

Akademien und Schokolade

Jeder und jede kann sich zu einer Akademie anmelden oder bei einer Akademie mithelfen und so mit anderen Menschen in Kontakt kommen und selbst Aktionen planen. Wo Akademien stattfinden, kann man auf der Webseite nachlesen. Oder gleich selbst eine planen. Und jeder und jede kann einen Infostand auf Messen, Bürgerfesten oder anderen Events betreuen oder auch noch etwas ganz anderes tun: eine Verkostungsaktion für die „Gute Schokolade" organisieren. Die „Gute Schokolade" von Plant-for-the-Planet ist gut fürs Klima: Händler und Hersteller verzichten auf ihren Gewinn, und von dem gesparten Geld werden neue Bäume gepflanzt. Fünf verkaufte Tafeln bringen einen Baum auf die Yucatán-Halbinsel in Mexiko.

> **Also: Schokolade essen und etwas für die Umwelt tun.**

Die Ortsgruppen von Plant-for-the-Planet sind selbst-ständig organisiert, erhalten aber Unterstützung von der deutschen Zentrale – vor allem auch Material wie Flyer, Poster, Postkarten oder Bücher.

Sich gemeinsam einsetzen

Schokolade macht glücklich, wird immer wieder behauptet. Sich engagieren aber auch. Man lernt bei Plant-for-the-Planet, Vorträge zu halten, seine Meinung zu vertreten, vor Menschen zu sprechen, mit Politikern und Pressevertretern zu diskutieren. So wächst man – auch über sich selbst hinaus. Und sich gemeinsam für eine gute Sache einzusetzen, dabei erfolgreich zu sein, andere davon zu überzeugen, stärkt das eigene Selbstvertrauen und schafft ein starkes Gemeinschaftsgefühl.

Demokratie

Es ist einfach gesagt:
Wir leben in einer Demokratie.

Und finden das sehr normal, so normal, dass wir uns selten, vielleicht zu selten, die Frage stellen, was eigentlich den Kern einer Demokratie ausmacht. Formal ist es einfach: Demokratie heißt Herrschaft des Volkes, und dafür gibt es ein paar Regeln. Es gibt direkte Demokratieformen oder repräsentative. In Deutschland leben wir in einer repräsentativen Demokratie, das heißt, wir wählen Vertreterinnen und Vertreter – Abgeordnete, die dann im Parlament eigenverantwortlich entscheiden.

Über Demokratie haben sich viele kluge Leute Gedanken gemacht, und es gibt viele schöne Zitate dazu, wie zum Beispiel das von Abraham Lincoln:

„Demokratie: die Regierung des Volkes durch das Volk für das Volk."

Oder von Winston Churchill:

„Die Demokratie ist die schlechteste aller Staatsformen, ausgenommen alle anderen."

Kennzeichen einer Demokratie sind zunächst freie und gleiche Wahlen. Dazu kommt, dass Entscheidungen entweder von der Mehrheit oder im Konsens getroffen werden, dass aber Minderheiten und die politische Opposition auch besonderen Schutz genießen. Es gibt eine Gewaltenteilung sowie den Schutz der Grund-, Bürger- und Menschenrechte. Diese grundlegenden Rechte sind sicher und können auch nicht durch irgendwelche Mehrheitsentscheidungen aufgehoben werden – das unterscheidet beispielsweise eine echte Demokratie von einer bloßen Diktatur der Mehrheit.

Was uns so selbstverständlich erscheint, ist es nicht: Die wenigsten Menschen auf der Erde leben in Demokratien. Die englische Zeitung The Economist gibt jährlich einen Demokratieindex heraus, der den Grad der demokratischen Entwicklung in Ländern misst. 2018 war Norwegen mit 9,87 (von 10 möglichen) Punkten das demokratischste Land der Welt. Insgesamt gab es 2018 nur 20 vollständige Demokratien auf der Erde, in denen nur 4,5 Prozent der Weltbevölkerung lebten.

Wir gehören dazu. Das ist unser Glück.

Ein Glück, das man verteidigen sollte. Denn Demokratien entstehen nicht von allein und überleben auch nicht von allein. Sie wollen gehegt und gepflegt sein, sie sind empfindlich.

Und: Sie sind bedroht. Die Zerstörung einer Demokratie erfolgt nicht aus dem Nichts heraus, mit einem Paukenschlag, sie ist ein schleichender Prozess. Wenn dem anderen nicht mehr zugehört wird, wenn Respekt verloren geht, wenn der Schutz der Minderheiten wegbricht und der Mehrheit das egal ist, dann ist man auf einem schlechten Weg. Und Feinde der Demokratie gibt es viele – harte wie den Diktator Kim Jong-un in Nordkorea oder Wladimir Putin in Russland, aber auch „weichere" wie Donald Trump in den USA oder den ungarischen Ministerpräsidenten Victor Orban. Oder in Deutschland die AfD. Eine Partei, in der manche Mitglieder darüber reden, dass Menschen mit Migrationshintergrund „entsorgt" werden müssen, und in der Leute wie Andreas Kalbitz Verantwortung tragen, dem der Rechtsextremismus-Forscher Gideon Botsch vom Moses Mendelssohn Zentrum in Potsdam eine eindeutig rechtsextreme Biografie bescheinigt.

Kann man da schweigen, wenn die Demokratie von solchen Menschen langsam ausgehöhlt wird? Und letzten Endes vielleicht sogar zerstört wird?

Dagegen hilft nur: sich bewusst zu machen, dass jede und jeder in dieser Gesellschaft eine Verantwortung für diese Gesellschaft hat, dass es einem nicht egal sein darf, wohin sie sich entwickelt. Dass man sich dafür engagieren muss, dass man empfindlich sein muss, zum Beispiel, wenn die Rechte anderer eingeschränkt werden, dass man genau hinsehen und nachfragen muss, wenn Politiker und Politikerinnen dieses oder jenes entscheiden. Dazu gehört schließlich auch, die politische Debatte, den politischen Streit einzufordern. Den Mund aufzumachen. Respektvoll, aber engagiert.

Denn eigentlich ist es ja so, dass in einer Demokratie politischer Streit eher verbindet. Weil erst einmal alle Argumente auf den Tisch gelegt werden, weil man sich zusammenrauft und auch

die Gemeinsamkeiten wieder erkennt. Voraussetzung dafür ist natürlich ein wirkliches Interesse an einer gemeinsamen demokratischen Gesellschaft ohne Ausgrenzung.

> **Dann funktioniert das auch mit der Demokratie. Deren Herzstück sind Wahlen.**

Wahlen

Warum dürfen Jugendliche eigentlich nicht wählen? Die formale Antwort ist einfach: weil das Wahlrecht in Deutschland an ein bestimmtes Alter geknüpft ist. Bei Bundestagswahlen muss man 18 Jahre alt sein, bei manchen Landtagswahlen (in Brandenburg und Bremen) reicht es auch schon, 16 Jahre zu zählen. Mit 16 Jahren kann man in Brandenburg, Bremen, Mecklenburg-Vorpommern, Niedersachsen, Nordrhein-Westfalen, Sachsen-Anhalt und Schleswig-Holstein bei Kommunalwahlen wählen.

Franziska:

> „Ich bin erst 15 und doch ziemlich vernünftig, dann ist es ungerecht, dass ich noch nicht wählen darf!"

Günther:

> „Das finde ich eigentlich auch!"

Mit 16 ist man außerdem nur beschränkt geschäftsfähig, man kann keine richtigen Verträge abschließen, sich an keiner Hochschule einschreiben, keinen Mietvertrag unterschreiben.

Aber warum ist das so?

Na, die Begründung dafür ist alt: Man sei noch nicht reif und gefestigt genug und leicht manipulierbar.

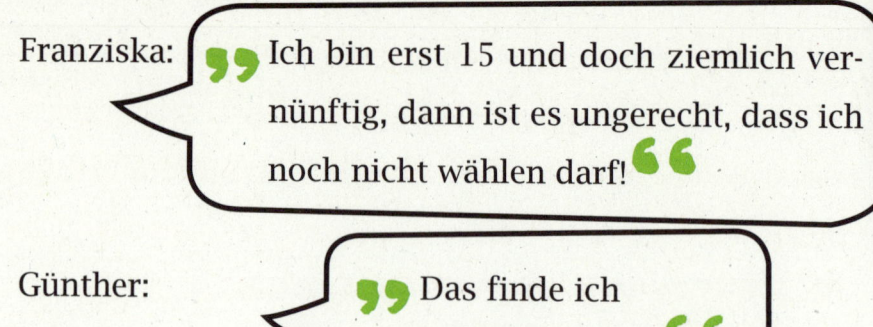

Mit 15 Jahren

Das Gegenargument ist genauso alt. Es heißt: mehr politische Bildung. Als Schulfach beispielsweise. Es ist erschreckend, dass in Schulen kaum Politikunterricht stattfindet. Erschreckend aus mehreren Gründen. Erstens könnte man, wenn es anders wäre, das Wahlalter senken. Zweitens würde sich natürlich das Engagement der Menschen für die Gesellschaft erhöhen, wenn alle wüssten, wo man wie eingreifen kann. Drittens: Demokratie ist, wie gesagt, ein zartes Pflänzchen, und je mehr man darüber weiß, desto mehr schätzt und verteidigt man sie. Franziska:

> „Ich muss lachen, wenn ich höre, dass ich mit 15 Jahren noch nicht reif genug bin, wählen zu gehen: Ich weiß mehr als manch Erwachsener über Politik. Ich könnte meine Wahlentscheidung viel besser begründen. Und vor allem: Es geht um **meine** Zukunft. "

Da sind zwei Argumente in drei kurzen Sätzen. Eines, das für sie gilt (und für viele andere), ein zweites, das allgemeingültig ist. Es geht um ihre Zukunft; sie hat recht.

Günther: **"** Mein Vater, Franziskas Großvater, ist 95 Jahre alt, er darf wählen, und wir wünschen ihm noch ein langes Leben, trotzdem kann man davon ausgehen, dass Franziskas Zukunft irgendwie bedeutender ist, allein schon, weil sie länger andauern wird. Müssten nicht also ihre Interessen deutlicher gewichtet werden als seine? **"**

Nun richten sich Politiker und Politikerinnen oft nach denen, die sie wählen. Deutschland ist ein relativ altes Land, die meisten Wahlberechtigten befinden sich – grob gesagt – in der zweiten Lebenshälfte. Sie alle wünschen sich ein schönes Rentenalter. Vielleicht haben sie dann endlich die Zeit und das Geld, Fernreisen zu unternehmen. Oder sie kaufen sich das große Auto, auf das sie schon lange gespart haben. Ältere Menschen sind Neuerungen gegenüber oftmals nicht mehr so aufgeschlossen – das ist ein normaler Prozess im Älterwerden, der uns wahrscheinlich alle mal betreffen wird. Am besten soll alles so bleiben, wie es ist. Oder wie man es sich vorstellt, wie es früher einmal war. Und so erscheint es fast schon logisch, dass die Interessen von Senioren und Seniorinnen häufig mit denen von Jugendlichen kollidieren, die mehr Klimaschutz verlangen.

Noch einmal: Müssten nicht also deren Interessen deutlicher gewichtet werden?

Könnten 16- oder 17-Jährige wählen, wäre das schon ein wirksames Gegengewicht zur politischen Macht der Älteren. Parteien müssten dann auch um die Stimmen der **jungen Wähler** kämpfen und würden vielleicht auch anders über die Zukunft sprechen. Mit mehr Elan, mit neuen Ideen, wie unser Land aussehen sollte. Und das Argument, 16- und 17-Jährige seien leicht verführbar, ist doppelter Unsinn: Ältere Männer bilden beispielsweise die größte Wählergruppe der AfD. Und schließlich machen heute 17-Jährige Abitur und studieren (auch wenn sie die Unterschrift der Eltern brauchen, um sich an der Hochschule einzuschreiben). Andere sind in dem Alter in einer Ausbildung, verdienen Geld und zahlen Steuern. Und: Wenn der Staat tatsächlich Angst hat, dass

Jugendliche zu leicht zu beeinflussen sind, was hindert ihn dann daran, die politische Bildung in der Schule zu verbessern? Damit wäre viel gewonnen.

Auf welches Alter man das Wahlalter reduzieren sollte, darüber kann man sich streiten.

Günther: 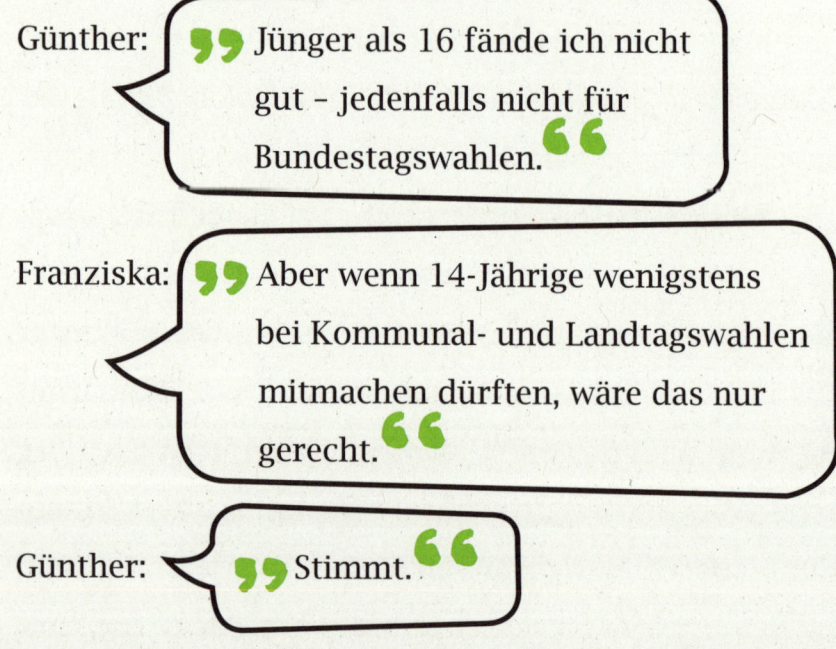 „Jünger als 16 fände ich nicht gut – jedenfalls nicht für Bundestagswahlen."

Franziska: „Aber wenn 14-Jährige wenigstens bei Kommunal- und Landtagswahlen mitmachen dürften, wäre das nur gerecht."

Günther: „Stimmt."

Das Argument, viele Jugendliche wüssten mehr über Politik als manch Erwachsener und könnten ihre Wahlentscheidung viel besser begründen, ist nachvollziehbar.

Aber ob das für alle Jüngeren gilt?

Franziska: „Bei den über 60- oder 80-Jährigen fragen wir doch auch nicht danach, ob sie ihre Wahlentscheidungen begründen können. Nur bei den Jüngeren. Ist das fair?"

Es gibt (noch) keine Lösung. Aber eines ist sicher:

Wer wählen darf, sollte es auch tun.

Sollte sich informieren, sollte die Chance wahrnehmen, mitzuentscheiden. Wenn man nicht weiß, wie, dann kann man sich informieren. Dabei hilft beispielsweise der Wahl-O-Mat der Bundeszentrale für politische Bildung: Wenn man die dort gestellten Fragen beantwortet, dann gibt der Wahl-O-Mat auf Grundlage der Parteiprogramme eine Wahlempfehlung. Das ist insofern etwas problematisch, als Parteiprogramme viel versprechen können. Eine Grundlage ist es jedoch allemal.

Erschreckend ist: Viele Jüngere haben zwar das Recht zu wählen, sie nehmen es aber nicht wahr. Am geringsten war bei den Bundestagswahlen 2017 die Wahlbeteiligung bei den 21- bis 24-Jährigen. Und insgesamt waren bei den letzten Bundestagswahlen nur 15 Prozent aller Wahlberechtigten unter 30 Jahre alt. Wenn von denen dann ein Großteil noch nicht einmal wählen geht, muss man sich nicht wundern, wenn sich unsere Politiker überwiegend daran orientieren, was Menschen in der mittleren Lebensphase und Rentner und Rentnerinnen fordern.

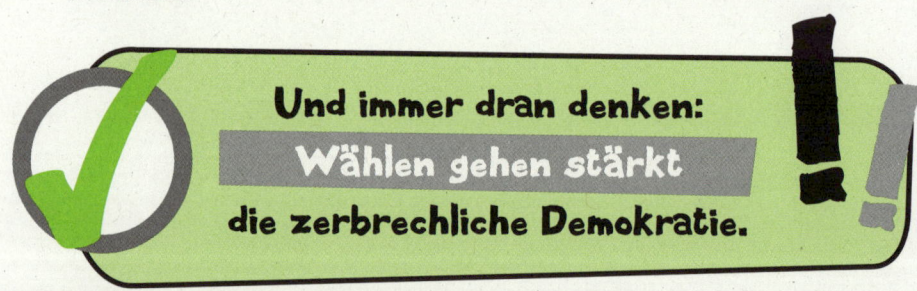

Und immer dran denken:
Wählen gehen stärkt die zerbrechliche Demokratie.

Demokratie – intern

Ein sehr schwieriges Thema, vor allem bei Bewegungen, die sich noch nicht lange in festen Strukturen zusammengefunden haben. Wer darf für die Gruppe sprechen, wer leitet die Treffen? In jeder aktiven Gruppe bilden sich über kurz oder lang Strukturen heraus – zunächst meist von selbst. Die einen machen mehr als die anderen, sie sind öfter bei Treffen dabei, etwas engagierter, auch weil sie mehr Zeit haben. Um diese gruppieren sich oft die anderen – die mit weniger Zeit oder noch nicht so viel Erfahrung oder die, die zwar gern dabei sind, aber keine Funktion haben wollen.

Hört sich einfach an, ist es aber nicht immer, solange es noch keine formalen Strukturen gibt.

Zum Beispiel Fridays for Future: Auch dort gibt es immer wieder interne Auseinandersetzungen. Vor allem um die Rolle einiger Personen. Manche sind einfach prominenter als andere, was natürlich auch daran liegt, dass Medien gern Berichte personalisieren. Und manchmal geht es um Inhaltliches, was ja leicht einzusehen ist: Ist eine Bewegung klein, muss man sich mit vielleicht einem Dutzend Mitstreitern und Mitstreiterinnen verständigen. Wächst sie schnell, müssen sich erst Strukturen herausbilden – das dauert. Bei Fridays for Future wurden WhatsApp-Gruppen für einzelne Städte eingerichtet, und es finden regelmäßig in den unterschiedlichen Arbeitsgruppen bundesweite Telefonkonferenzen statt. WhatsApp begrenzt die Zahl der unmittelbar miteinander in Kontakt stehenden Personen auf 256. Wollen sich mehr Menschen beteiligen, so wird bei Fridays for Future eine neue Gruppe eröffnet. Das macht es natürlich kompliziert, weil man sich zwischen den Gruppen abstimmen muss. Aber mit **gutem Willen** gelingt das schon.

Und dennoch ist es schwer, alle immer und überall einzubinden: Denn das ist anstrengend, und die Diskussionen werden länger. Nicht alle Menschen verfügen über das gleiche Wissen, nicht alle haben ähnliche politische Vorerfahrungen, nicht alle sind gleich lang dabei, und so gibt es immer wieder unterschiedliche Wissensstände, ist nicht immer alles transparent und werden nicht alle Entscheidungen immer basisdemokratisch getroffen. Zumal man sich natürlich einig darüber ist, dass die Klimakrise bekämpft werden muss, nicht aber unbedingt über andere gesellschaftliche Positionen.

In großen Bewegungen gibt es immer **Konflikte**, und bei Fridays for Future kommen eben Klimaschützer aus verschiedenen politischen Lagern zusammen.

Generell gilt für jede Bewegung: Es ist nicht einfach, alle Menschen mit ihren unterschiedlichen Persönlichkeiten, Wünschen und Fähigkeiten zusammenzubringen. Es ist eher ganz schön schwierig. Aber der Mühe wert. Und jeder und jede sollte sich klar sein: Es wird immer wieder kleine Krisen geben, und es ist wichtig, offen, aber freundlich miteinander zu reden, zu diskutieren, euch aber auch gegenseitig zu loben und euch zu zeigen, dass ihr euch mögt und respektiert. Da hilft dann auch mal eine Party, da hilft aber auch, dass man gemeinsam die Transparente für die Demo malt.

> Ihr arbeitet zusammen an einem **Ziel**, und es verbindet euch mehr, als euch trennt.

Lernt euch kennen und schätzen. Keiner kann alles, keiner kann nichts.

Serlo
– Bildung für alle durchs Internet

Simon Köhl hatte einige Probleme in der Schule. Zwei Klassen wiederholt, am Ende doch ein Abitur, aber wohl auch, weil er ständig Nachhilfeunterricht bekam.

„ Ich kam einfach mit der Art zu lernen dort nicht zurecht. So war ich gut in den Fächern, die mir Spaß machten, aber schlecht da, wo ich einfach lernen musste. Ich hätte lieber in meinem Tempo und selbstständig gelernt, statt immer nur anhand von irgendwelchen Lehrplänen unterrichtet zu werden. So habe ich mich zugleich unterfordert und überfordert gefühlt. “

Als Simon in der 13. Klasse war, besuchte er mehr oder weniger zufällig während einer Nepalreise das buddhistische Kloster Serlo, das etwa 300 Kilometer von Kathmandu entfernt in der Mount-Everest-Region auf 3.000 Meter Höhe liegt. Dort leben etwa hundert Mönche und Novizen, die dort auch die Schule besuchen. Teilweise um dann später auf weiterbildende Schulen zu gehen. In der buddhistischen Gesellschaft Nepals hat es eine lange Tradition, dass Familien ihre Söhne zur Ausbildung in ein Kloster schicken – es ist oft der einzige Zugang zu Bildung. In den Ferien gehen die Novizen zurück in ihre Dörfer und geben das von ihnen erworbene praktische Wissen aus der Landwirtschaft an ihre Familien weiter. Für die umliegenden Dörfer ist das Kloster aber nicht nur deshalb wichtig. Es ist auch das spirituelle Zentrum der Region, zudem wirtschaftlich sehr bedeutsam – vom Kloster wurde beispielsweise ein Wasserkraftwerk für die Dörfer gebaut sowie viel Wissen und Geld in die Entwicklung der Landwirtschaft und die Aufforstung des Tales investiert.

Simon Köhl sah, dass die Schüler des Klosters zwar Computer und das Internet benutzten, jedoch kaum gute Bücher und Unterrichtsmaterialien besaßen. Zugleich war ihm bewusst, dass er sein Abitur nur deshalb machen konnte, weil sich seine Eltern den Nachhilfeunterricht für ihn leisten konnten. Ihm war klar:

„Der Bildungserfolg ist auch vom Geld abhängig. Das ist schade."

Noch als Schüler beschlossen er und Freunde, da etwas zu ändern. Zu zweit, sein Partner war der spätere Softwareentwickler Aeneas Rekkas, begannen sie, eine Lernplattform im Internet aufzubauen. Simon Köhl:

„Wir hatten die Überzeugung, dass Kinder und Jugendliche besser lernen können, wenn sie selbstbestimmt und mit guten Werkzeugen lernen können. Und dass freier Zugang zu hochwertiger Bildung die Grundlage für eine bessere Welt ist."

Das Team wuchs, andere Schüler und Schülerinnen kamen dazu, dann auch Studierende und ehemalige Lehrer und Lehrerinnen. Sie legten los, komplett ehrenamtlich, ohne einen Cent irgendwoher zu bekommen, alles neben dem Studium oder während Urlaubssemestern. Bald schon gab es eine erste Internetplattform mit Hunderten erklärenden Artikeln, Tausenden Übungsaufgaben mit Musterlösungen und Lehrplänen, die Schülerinnen und Schüler seither nutzen können. Werbefrei und vor allem kostenlos, denn für Simon Köhl war Serlo von Anfang an auch ein soziales Anliegen:

99 Das hat auch etwas mit Gerechtigkeit zu tun. Ich habe früh schon durch meine Eltern irgendwie ein Bewusstsein dafür entwickelt. Nur etwa zehn Prozent der Gymnasiasten kommen aus Elternhäusern, in denen die Eltern einen Hauptschulabschluss oder keinen allgemeinen Schulabschluss haben. Das ist ungerecht, und deshalb wollen wir allen Schülerinnen und Schülern wertvolle Lernmöglichkeiten zur Verfügung zu stellen, unabhängig vom Geldbeutel der Eltern. **66**

Statistiken sprechen eine eindeutige Sprache: Knapp 900 Millionen Euro geben Eltern in Deutschland pro Jahr für Nachhilfe aus, davon die Hälfte für Mathematik. Simon Köhl:

> 99 Wir haben in Deutschland fast eine halbe Million Schüler, die aus armen Familien stammen. Die können keinen Nachhilfeunterricht finanzieren, die können auch nicht auf Privatschulen gehen. 66

Stück für Stück wurde die Arbeit professioneller und erfolgreicher. Inzwischen ist Serlo ein gemeinnütziges Unternehmen mit einem halben Dutzend Vollzeitstellen, finanziell, logistisch und ideell gefördert von Stiftungen, öffentlichen Einrichtungen und auch Einzelpersonen.

> 99 Zugleich ist Serlo weltweit die einzige Lernplattform, die von einer großen ehrenamtlichen Gemeinschaft aufgebaut wird. Wir glauben an das riesige kreative Potenzial all der passionierten Lehrer und Lehrerinnen überall auf der Welt, und wir wollen deren Ideen mit serlo.org allen Schülerinnen und Schülern zugänglich machen. 66

Monatlich greifen knapp eine Million Nutzer auf die Webseite zu. Dass sie gut ankommt, beweisen die Zuschriften an das Team:

> " Sehr, sehr verständliche Lösungen, alles tipptopp! Unsere halbe Matheklasse nutzt Serlo. "

Jakob Wessel, Student, 19 Jahre, arbeitet seit knapp zwei Jahren bei Serlo mit. Er studiert Mathematik und Philosophie und ist – der Name lässt es vermuten – mit dem Autor und der Autorin des Buches verwandt. Er ist Günthers Sohn bzw. Franziskas (großer) Bruder.

Fünf Fragen an ihn:

Warum machst du bei Serlo mit?

Ich finde die Idee von freier und überall verfügbarer Bildung einfach gut. Und so komplett einleuchtend, dass man sich echt fragt, warum es das nicht vorher schon gab. Bildung sollte frei sein und für jede Person immer und überall verfügbar, nicht kostenpflichtig oder mit Werbung finanziert. Mich erfüllt es deswegen total, solch eine Plattform mit aufzubauen, damit ganz vielen Leuten zu helfen und einen Beitrag zu mehr Bildungsgerechtigkeit zu leisten. Die jeder nutzen und weiterverbreiten kann. Ich glaube, ich kann mit der Zeit, die ich da hineinstecke, viel bewirken, und das finde ich super. Mich motiviert also zweierlei: zum einen die ganze Idee, dazu kommt noch, dass wir ein tolles Team sind.

Wie funktioniert denn die Arbeit?

Wir arbeiten alle sehr selbstständig, trotzdem aber gemeinsam mit dem Ziel, mit jeder Arbeitsminute die Bildung in Deutschland und natürlich gleichzeitig unsere Plattform zu verbessern. Als ich noch jünger war und mich in der Grünen Jugend engagiert habe, hatte ich den Eindruck, dass ein Großteil meiner Arbeit in

Strukturen verpuffte und ich vor allem Zeit damit verbrachte, intern Sachen durchzusetzen. Ich glaube, dass das in großen, gut etablierten Organisationen oft der Fall ist – daran leiden vielleicht ja auch Organisationen wie der BUND oder Greenpeace. Ich denke manchmal, dass Organisationen heute schnell und punktgenau arbeiten müssen. Vielleicht ist Fridays for Future ja auch deshalb so stark. Die agieren nicht bürokratisch, sondern arbeiten ganz stark nach außen. Jeder kann dort mit Eigenverantwortung dem gemeinsamen Ziel zuarbeiten. So habe ich das Gefühl, dass ich mit dem, was ich tue, wirklich **viel verändern** kann. Das motiviert mich sehr.

Was machst du denn konkret?

Ich habe bei Serlo unterschiedliche Aufgaben. Angefangen habe ich als Programmierer, habe die Übungsaufgaben ins Netz gestellt und mit dafür gesorgt, dass alles gut funktioniert. Dann bin ich zur Organisation des Ganzen gewechselt. Da habe ich dann zusammen mit etwa zehn bis 15 Leuten als Erstes den Standort Berlin aufgebaut und war dafür verantwortlich. Das heißt: Organisation von Veranstaltungen, Präsenz für Serlo auf verschiedenen Veranstaltungen bis zum Aufbau von Partnerschaften. Da geht es natürlich auch um eine soziale Einbindung aller Serlorianerinnen und Serlorianer in Berlin. Wir versuchen, einen möglichst engen Kontakt zwischen all den Leuten herzustellen, die irgendetwas mit Serlo zu tun haben. Ebenso versuchen wir, eine Art Community aufzubauen.

Da gibt es eine Gruppe von Leuten, die sich regelmäßig trifft, um an verschiedensten Aspekten der Plattform zu arbeiten. Entweder inhaltlich an einzelnen Artikeln und Themen oder an eigenen Projekten.

Parallel dazu habe ich intensiv mitgeholfen, eine deutschlandweite Standortverwaltung zu installieren. Berlin war der zweite Serlo-Standort, und es war überhaupt nicht klar, wie Berlin in die bestehende Serlo-Struktur reinpasst, denn vieles war noch auf München konzentriert. Wie sorgen wir für eine Einbindung und Vernetzung? So haben wir deutschlandweite Strukturen aufgebaut, damit wir weitere Standorte aufnehmen können. Und ich habe beratend und betreuend beim Aufbau verschiedener Projekte mitgeholfen: der Standort in Dresden, Aufbau von Fachbereichen wie Hochschulphysik und Maßtheorie. Dazu kam dann noch Kommunikation wie Social-Media-Aktivitäten, und ab Mai 2019 habe ich dann mit einer Freundin aus Münster angefangen, die Plattform international besser aufzustellen.

Das war kompliziert, vor allem für mich. Sie spricht Tamil, und wir haben eine tamilische Sprachversion aufgebaut, zunächst einmal mit Lerninhalten für tamilische Grammatik. Menuja hat natürlich den inhaltlichen Part übernommen sowie versucht, eine Gemeinschaft aufzubauen. Da konnte ich natürlich aus Sprachgründen nicht mithelfen. Ich war halt zuständig für alles Technische, den Kontakt zu Serlo und die Planung.

Seitdem helfe ich auch anderen Ehrenamtlichen, weitere Sprachversionen von **serlo.org** aufzubauen, neben Tamil **(ta.serlo.org)** auch Hindi **(hi.serlo.org)**, Französisch **(fr.serlo.org)** und Englisch **(en.serlo.org)**. Ich kümmere mich um den Zusammenhalt, sorge dafür, dass die Arbeit läuft, die Leute betreut werden und Treffen stattfinden, und schaue auch, wo Probleme sind.

Noch einmal zurück zur Berliner Gruppe.
Wo kamen die Leute her? Wie findet man die?

Die kamen von überall. Aber vieles läuft natürlich über persönliche Kontakte: Eine Person, die schon dabei ist, bringt neue Leute mit, oder diese hören über Bekannte von dem Projekt. Wir haben auch mal gewitzelt, dass wir ein Konzept schreiben sollten, wie man Leute auf Partys anwirbt. Leute, die über persönliche

Kontakte zu uns kommen, bleiben auch am wahrscheinlichsten dabei. Gute Kanäle, um Leute zu finden, sind auch Facebook und Facebook-Gruppen (je enger da der Kontakt ist, desto besser funktioniert es), Mailinglisten (besonders von Stiftungen), die direkte Ansprache von Personen, manchmal Ausschreibungen auf Ehrenamtsportalen. Ich muss tatsächlich gestehen, dass ich zwar immer mal ein bisschen, aber nie so richtig Werbung gemacht habe. Viele Leute kamen einfach von selbst auf uns zu, und ich habe mich dann darauf konzentriert, die Leute, mit denen wir einmal Kontakt hatten, auch zu halten. Wir haben da eine Quote, die weit über dem Durchschnitt von anderen Nichtregierungsorganisationen liegt.

Ist das nicht viel Arbeit neben dem Studium?

Ja, sicherlich, deswegen muss ich mich perspektivisch auch aus einigem rausziehen. Ich habe in Berlin jetzt schon die Verantwortung abgegeben. Ich werde mich verstärkt auf die Arbeit mit der Internationalisierung und auf den Aufbau von Lernplattformen in anderen Sprachen konzentrieren.

Ja, es ist mitunter viel Arbeit, aber es macht auch Spaß. Ich habe immer das Gefühl, etwas Sinnvolles zu tun. Das hilft – auch dann, wenn es mal stressig wird.

Der Alltag

Sich informieren

Günther liest Zeitung. Franziska liest Handy. Jakob beides. Alle drei lesen Bücher.

Der Medienkonsum hat sich in den letzten Jahren sehr verändert. Bildeten früher ein paar große Zeitungen und Zeitschriften wie die Frankfurter Allgemeine, die Süddeutsche oder die ZEIT und der SPIEGEL sowie die Nachrichtensendungen von ARD und ZDF die Bezugsgrößen, an denen man sich orientierte, ist es heute alles viel zersplitterter. Die einen beziehen ihre Infos aus Kanälen wie YouTube, andere folgen Empfehlungen auf Twitter, Facebook oder Instagram.

Nicht alles ist dabei von sicherer oder hoher Qualität.

Manches können auch soge-
nannte **„Fake News"** sein.

Fake News oder Hoax, so nennt man falsche Nachrichten, die oft im Internet verbreitet werden. Häufig handeln sie von Themen, die starke Reaktionen auslösen.
Zwei Gründe gibt es, solche Fake News zu produzieren.
Entweder will jemand Geld verdienen und einen so auf
eine bestimmte Webseite locken oder – das ist die häu-
figere Variante – jemand will deine Meinung zu einem
Thema beeinflussen.

Wie kann man nun Fake News enttarnen? Einen hundert-
prozentig sicheren Weg gibt es nicht, man sollte aber
bei der Beurteilung von Nachrichten auf mehrere Dinge
achten:

1. Wo kommt der Artikel her? Wer hat ihn zuerst veröffentlicht? Seriöse Zeitungen, Nachrichtenagenturen
oder auch die öffentlich-rechtlichen Medien (ARD, ZDF
und die großen Rundfunkanstalten) arbeiten beispiels-

weise nach dem Zwei-Quellen-Prinzip: Eine Nachricht wird erst dann veröffentlicht, wenn zwei voneinander unabhängige Quellen sie bestätigt haben. Stammt die gelesene Meldung aber nicht von einem anerkannten Medium oder findet man die angegebene Quelle erst gar nicht im Internet, dann … eher **Finger weg.**

2. Erscheint die Meldung auch auf anderen bekannten Nachrichtenseiten? Wer sich im Internet über Nachrichten informiert, sollte möglichst mehrere Seiten besuchen. Taucht sie nur einmal auf … auch eher **Finger weg.**

3. Wie werden die angeblichen Fakten belegt? Welche Informationsquellen nennt der Artikel? Keine oder nur dubiose? … **Finger weg.**

4. Bilder: Was zeigen die Bilder bei der Meldung? Wirklich das, was berichtet wird? Mit der Google-Bildersuche kann man Bilder hochladen und so schauen, woher sie stammen (das funktioniert übrigens auch mit Screenshots aus einem Video). Bei Fake News sind die Fotos mitunter mehrere Jahre alt oder stammen sogar aus einem komplett anderen Zusammenhang.

Okay, beschränken wir uns auf die wirklichen News. Die echten.

Wir haben in Deutschland eine recht gute und ausgewogene Medienwelt. Die oben genannten Zeitungen lohnen immer noch das Lesen, dazu kommen aber auch andere Medien, die wir empfehlen können: die taz, vice, Wissenschaftsmagazine wie Spektrum (mit den Sonderheften, beispielsweise zu Umweltfragen), dazu Newsletter von Initiativen oder Verbänden (z. B. den von Fridays for Future oder den täglichen von Greenpeace), alle öffentlich-rechtlichen Radiosender (okay, manche haben eine Musikauswahl, die, äh, problematisch ist), dann die Nachrichten in ARD und ZDF und die politischen Magazine dort.

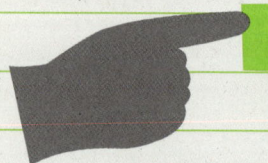 Sich informieren macht Spaß und hilft weiter.

Außerdem bekommt man einen Blick dafür, dass man sich bestimmten Problemen aus verschiedenen Richtungen nähern kann.

Und man kann bei Twitter oder Instagram oder Facebook Menschen folgen und auch ab und zu ein Buch lesen – so altmodisch das klingt, aber das hier ist auch ein Buch. Das erweitert den Horizont in jeder Hinsicht.

Demonstrieren

Demonstrationen sind in Deutschland grundrechtlich geschützt. In Artikel 8 des Grundgesetzes heißt es:

> **Alle Deutschen haben das Recht, sich ohne Anmeldung oder Erlaubnis friedlich und ohne Waffen zu versammeln.**

Das Versammlungsrecht verlangt aber, dass man die Versammlung oder Demonstration anmeldet. In der Regel beim Ordnungsamt der Stadt, in manchen Bundesländern auch bei der Polizei. Eine Anmeldung genügt: Es braucht keine Genehmigung seitens der Behörden. Die Anmeldung sollte allerdings fristgerecht sein: eigentlich 48 Stunden vor der ersten Ankündigung der Versammlung, also bevor beispielsweise Pressemitteilungen losgeschickt, Plakate und Flyer für die Veranstaltung verteilt wurden oder im Internet geworben wurde. In der Anmeldung sollte Folgendes stehen:

- der Veranstalter (eine Einzelperson oder eine Organisation) mit kompletter Anschrift, ein Ansprechpartner oder eine Ansprechpartnerin, der oder die mit den Behörden kommuniziert (kann identisch mit dem Veranstalter sein). Eine Versammlungsleitung, besser auch noch eine Stellvertretung, je mit kompletter Anschrift, die als Ansprechpartner der Polizei bei der Veranstaltung fungieren. Die Versammlungsleitung kann ebenfalls identisch mit dem Veranstalter und dem Behörden-Ansprechpartner sein. Die Versammlungsleitung muss nicht zwingend volljährig sein, wobei die Auflagen je Bundesland und zuständiger Behörde ein wenig unterschiedlich sind.

- der Ort, an dem alles stattfindet, mit genauer Beschreibung. Datum und Uhrzeit, von wann bis wann – lieber einen etwas längeren Zeitraum angeben. Das Thema der Veranstaltung – es kann ruhig sehr weit

gefasst sein. „Klima" dürfte bei „Fridays for Future"-Demonstrationen ausreichen. Oder „Umwelt".

- der ungefähre Ablauf der Veranstaltung: ob es wechselnde Ansprachen gibt, ob Musik gespielt wird, ob man Lautsprecher einsetzt, ob ihr an einem Ort bleibt oder sich ein Demonstrationszug bildet, ob dabei Fahrzeuge mit unterwegs sind. Lieber mehr als zu wenig angeben, all das muss aber nicht sehr konkret sein. Bei einer Demonstration muss man jedoch über den genauen Routenplan informieren.

Grundsätzlich muss die Behörde die Versammlung genehmigen, es sei denn, Ort oder Zeit passen nicht, weil da schon eine andere Veranstaltung angekündigt ist. Sie kann aber auch **Auflagen verhängen:** dass man z. B. eine bestimmte Anzahl an Ordnern braucht, die die Versammlungsleitung unterstützen und einen geordneten Ablauf der Versammlung gewährleisten, oder dass Alkohol verboten ist. Zusätzlich gilt auf Demonstrationen in Deutschland, Österreich und einigen Kantonen der Schweiz ein Vermummungsverbot, sprich: Es ist den

Teilnehmenden verboten, das Gesicht zu verdecken. Was aber nicht heißt, dass man sich im Winter keinen Schal um Kinn und Mund binden darf.

Demonstrationen anzumelden klingt erst einmal kompliziert, und, okay, es muss viel beachtet werden. Zum Beispiel muss man manchmal jedes einzelne genutzte Megafon angeben. Andererseits kann man sich mit Demos auch ordentlich Gehör verschaffen und auf sich aufmerksam machen.

Durchhalten

Jedes Engagement erfordert Energie. Viel Energie vielleicht. Franziska:

> ,,Es gab Tage, da hatte ich ein oder zwei Fernsehteams den ganzen Tag an der Backe, dazu kamen noch drei bis fünf weitere Interviews, dann musste noch was für die freitägliche Demonstration organisiert werden (Lautsprecher, Bühne, Programm).

> Und die Schule gibt es ja auch noch, was viele Journalisten und Journalistinnen nicht so im Kopf haben: Die fragten mich tatsächlich, warum ich erst am Nachmittag ins Studio kommen konnte (und das bei einer von Schülern und Schülerinnen getragenen Bewegung)! "

Das flasht und ist natürlich auch schön, trotzdem sieht man nach drei oder vier oder fünf solcher Tage ziemlich alt aus. Und ist müde. Und wenn das dann über mehrere Wochen immer mal wieder passiert, ist man **richtig** müde. Man läuft Gefahr, sich komplett zu verausgaben und die Lust am eigenen Engagement zu verlieren. Dann muss man nicht nur einmal lange schlafen, sondern sich auch etwas überlegen. Darüber nachdenken, was gegen die Überlastung helfen kann.

Und was kann helfen? Reden – und zwar genau darüber. Mit der Gruppe, in der man engagiert ist. Sich mitteilen, wenn man das Gefühl hat, dass alles im Moment zu viel wird, dass man dauernd müde und erschöpft ist. Dann werden sich Lösungen finden lassen, dass mal der eine, mal die andere eine Aufgabe zusätzlich übernimmt. Man ist nicht unersetzbar, das lernt man dabei auch. Was nicht immer ein schönes Gefühl ist, aber es ist wichtig.

> **Seid nett zueinander, redet viel, auch über eure Befindlichkeit.**

Redet mit Älteren. Vielleicht haben die ähnliche Erfahrungen gemacht, haben etwas daraus gelernt und können helfen. Das können ältere Geschwister sein, mitunter sogar die Eltern. Und: Pflegt eure Hobbys.

Franziska:

,, Bevor ich bei Fridays for Future mitgemacht habe, war ich ein wirkliches Pferdemädchen. Ich hab Ponys gefüttert, bin geritten, hab ausgemistet, am Wochenende Hofdienst gemacht, was wieder füttern und ausmisten hieß, hab riesige Schubkarren Heu gefahren und anderen Kindern beim Pferdeputzen geholfen, hab kranke Pferde in die Tierklinik gebracht, mich mit Freundinnen getroffen, gequatscht und in dem alten Bauwagen rumgehangen, den wir uns eingerichtet hatten. Oder ich habe einfach nur auf der Wiese gelegen, wo die Pferde grasten, in den Himmel geguckt und geträumt. Als ich richtig bei Fridays for Future einstieg, änderte sich das: nur noch Demos, selten Ponys. Was nicht gut war. Ich hab zwar die Ponys gar nicht so dolle vermisst, der Rest war ja aufregend genug, aber es fehlte irgendwie was. Die Ponys oder das Rumhängen bei den Pferden war etwas, aus dem ich viel Kraft und Energie ziehen konnte.

Eine solche Kraft- und Energiequelle kann bei jemand anderem das Fußball- oder Tischtennisspiel sein, die Gitarre, das Klavier oder das Saxofon. Wenn man so etwas hat, sollte man es pflegen – denn das verleiht Stärke. Man kann ein bisschen abschalten und einfach Spaß haben. In sein altes Leben eintauchen, so tun, als ob sich nichts verändert hat, denn sonst wird einem das alles zu viel.

Aber auch andere Dinge können helfen: Meditation dem einen, Glaube dem anderen. Sich Fragen stellen, die über den Alltag hinausgehen – nach dem Sinn des Lebens oder wie man dem Leben Sinn verleiht. Sich Fragen zu stellen, die über Materielles hinausgehen, die einen aber auch in der Welt verankern – weil man daraus auch den Sinn des eigenen Handelns ableiten kann. Moral, Ethik, Spiritualität, Glaube – all das hilft schlicht dabei, offen und auch gelassen durch die Welt zu gehen und zu versuchen, das Richtige zu tun. Hört sich vielleicht kitschig und schwülstig an, hilft aber trotzdem.

Wenn eine Bewegung abflaut

Nur wenige Bewegungen haben ihr Ziel sofort erreicht, manche nur auf Umwegen, andere gar nicht, und wieder andere haben Teilerfolge erzielt. Einige sind erst nach vielen Jahren an ihr Ziel gelangt. Mitte der 1970er-Jahre, also vor mehr als gut vierzig Jahren, tauchten die ersten „Atomkraft? Nein, danke"-Aufkleber in Deutschland auf; es gab riesige Demonstrationen vor Atomkraftwerken, vor geplanten Wiederaufbereitungsanlagen für Brennstäbe oder geplanten Endlagerstätten. All das schien nichts zu nutzen, aber im Jahr 2000 schloss die damalige rot-grüne Bundesregierung einen Vertrag mit den deutschen Atomkraftwerksbetreibern, die Atomkraftwerke nach dem Erzeugen bestimmter Strommengen abzuschalten. Was weniger war, als immer gefordert wurde, aber immerhin etwas. Im Herbst 2010 wurde die Laufzeit der Atomkraftwerke zunächst wieder verlängert, im März 2011, nach der Nuklearkatastrophe von Fukushima (Japan), wurde diese Verlängerung aber rückgängig gemacht.

Auf den ersten Blick sieht es vielleicht nicht so aus, als sei die Bewegung der Atomkraftgegner seit den 1970er-Jahren sehr erfolgreich gewesen. Atomkraftwerke wurden errichtet, manche gingen ans Netz, andere wurden zwar fertig gebaut, haben aber nie Strom erzeugt. Dass aber heute kaum noch jemand in Deutschland Atomkraft für eine ernst zu nehmende und sichere Option zur Energieerzeugung hält, ist natürlich dieser Bewegung zu verdanken. Sie hat es mit Ausdauer und Argumenten geschafft, die Haltung der Menschen zu verändern.

Ein Langzeiterfolg, auch wenn es sich zwischendrin für die Aktiven nicht so anfühlte. Die Bewegung flaute ab, bekam Zulauf, flaute wieder ab. Doch damit muss man rechnen.

Der lange Atem ist wichtig.

Und deshalb ist auch wichtig, dass man sich nicht verausgabt. Wir hatten das schon – Politik als das langsame Bohren von harten Brettern. Mitunter sehr harten Brettern. „Frustrationstoleranz" heißt hier das Zauberwort. Durchhalten, ohne sich nerven zu lassen. Sich auch immer wieder sagen, dass es richtig und wichtig ist, was man tut.

Gegenwind

Ein paar Zitate aus Kommentaren zu Fridays for Future:

> Gezeugt und aufgezogen von einer Elterngeneration, die einfach zu faul ist, ihre Blagen zu erziehen und ihnen Grenzen aufzuzeigen. Diese Kinder glauben fest daran, dass sie der Mittelpunkt der Welt sind. Alle, die nicht ganz toll finden, wie schön sie Kaka machen können, sind böse Nazis.

> Der Tussi wird das dümmliche Grinsen schon noch vergehen ...

> Populismus mit freundlichem Kindergesicht. Nicht auszudenken, wenn man den nicht auf die Folgen für das Gemeinwesen durchdachten Forderungen der ‚Radikalinskis' nachgeben würde.

> Irgendwie witzig, wenn Bürgerkindchen Revoluzzer spielen wollen.

„ Man weiß nicht, ob man bei der Lektüre dieser Thesen lachen oder weinen soll. Das sind die Effekte von Jahren der Vernachlässigung des Bildungssystems. "

„ Sollen sie mal machen, ich bin dieses Jahr schon in den Urlaub geflogen und werde es noch zweimal tun ... im Gegensatz zu diesen Personen arbeite ich nämlich und will und brauche meine Erholung, damit diese Vögel auf meine Kosten fürs Klima hüpfen können. "

„ Wie wäre es, wenn diese ganzen ‚Demo-Kids' mal anfangen, ihr iPhone, ihren Fernseher usw. auszustecken, um Strom zu sparen?! Ach, und natürlich muss auch das Taschengeld massiv gekürzt werden, um die CO_2-Steuer, die auf diesen Demos gefordert wird, zu bezahlen. "

Franziska: „ Da gibt es noch weitaus Krasseres. "

Das stimmt. Neben den üblichen Vorwürfen, die Jugendlichen wollten nur blaumachen (um dann bei Nieselregen und Minustemperaturen draußen zu sein?), sie hätten von Klimathemen keine Ahnung (weshalb sich über 26.000 Wissenschaftler und Wissenschaftlerinnen unterstützend äußerten), einzelne ihrer Vertreter und Vertreterinnen wollten nur Karriere machen oder würden in einer Medienkampagne aufgebaut, gibt es noch viel, viel mehr: Anfeindungen, zum Teil tägliche Gewaltandrohungen, bis hin zu Aufrufen zum Mord. Es ist leider inzwischen fast normal:

Jede Bewegung stößt auf Widerstand, und zwar auf Widerstand von denjenigen, die nichts ändern wollen.

Das können böse, enttäuschte oder frustrierte Menschen sein, auch solche, die sich in der Situation, wie sie gerade ist, gut eingerichtet haben, die damit ihr Geld verdienen.

Warum sollten die Betreiber von Braunkohlekraftwerken ihr Geschäftsmodell freiwillig infrage stellen? Sie verdienen doch gut daran, dass sie diese betreiben. Warum soll die Autoindustrie freiwillig kleinere Autos bauen? An größeren wird doch mehr verdient. Und so macht sie natürlich Werbung für SUVs, damit die Kunden sie weiterhin wünschen.

Gegenwind. Der kann fair sein, sachlich und mit Argumenten untermauert, aber auch fies und gemein. Der kann innerhalb einer Gruppe aufkommen, wenn einige sich nach Meinung anderer zu sehr profilieren oder zu wenig tun, aber immer bestimmen wollen, und andere meinen, dass das auf ihre Kosten geht. Dann muss man reden. Reden und reden und immer wieder reden.

Eklig und boshaft ist der Gegenwind oft im Internet, in Kommentaren zu Zeitungsartikeln beispielsweise. Ob die vermeintliche Anonymität des Internets dazu verführt, schnell sehr scharf und bösartig zu antworten? Man sollte – auch wenn es schwerfällt – Beleidigungen nicht persönlich nehmen. Und nicht darauf antworten, auch nicht auf vermeintliche Argumente. Franziska:

> ,, Auf die Beispiele da oben gibt es keine Antwort. Das sind keine Argumente, da will niemand diskutieren, da will irgendjemand irgendeine Wut loswerden. "

Es stimmt: Oft sind solche Kommentatoren oder Kommentatorinnen unbestimmt unzufrieden und suchen ein Ventil, wo sie diese Unzufriedenheit rauslassen können.

Das kennen wir auch von uns selbst – Ärger irgendwo, in Schule oder Job, Streit in der Familie oder mit Freunden. Trotzdem ist es blöd, wenn man davon betroffen ist. Und zugleich ist es vielleicht auch eine Art versteckter Anerkennung: Dass die Fridays-for-Future-Aktivisti oft im Internet beleidigt werden, kann man auch sportlich nehmen.

Franziska:

> 99 Man kann es auch positiv sehen: Wir treffen diese Leute mit unseren Argumenten so sehr, dass sie kein Gegenargument mehr haben und uns nur noch auf der persönlichen Ebene angreifen können. So sehr treffen wir diese Leute. 66

Nanna-Josephine Roloff sagt, dass sie bald aufgehört habe, die teilweise sehr gemeinen Kommentare unter ihrer Petition zu lesen:

> 99 Das bringt nichts. Das ist verschwendete Zeit. Einige Kommentare waren einfach nur beleidigend. 66

Dann muss man sich etwas überlegen. Denn nicht alles lässt sich weglächeln. Es gibt Kommentare, die nicht nur beleidigend, sondern auch bedrohlich sind. Da sollte man dann darüber nachdenken, ob man im Bürgeramt seine Adresse sperren lassen kann, was bei häufigen Drohungen schon sinnvoll ist. Oder ob man rechtlich dagegen vorgeht.

Und nun: Loslegen!

Was bleibt: einfach mal machen. Wenn dich etwas aufregt, sag was dazu. Bleib nicht ruhig. Atme durch, einmal, zweimal, nimm den Mut zusammen, und sag was dazu. Egal, ob in der Schule, zu Hause, im Verein oder auf der Straße. Oder wo auch immer.

Sag was, wenn dir etwas nicht gefällt, oder gründe sofort eine Bewegung.

Niemand darf dich daran hindern, das ist das Schöne an unserem System. Du hast ein Recht dazu, und man muss nicht erst ein Studium absolviert haben, um seine eigenen Interessen zu vertreten. Triff dich mit Freunden und Freundinnen, sag, was dich ärgert und was du ändern willst. Vielleicht denken sie ähnlich. Du wirst merken, man braucht am Anfang keinen großen Apparat, kein Geld, eigentlich nichts. Es muss auch nicht alles perfekt sein. Greta Thunberg reichte ein selbst gemaltes Pappschild.

Und niemand weiß vorher, wie schnell eine Bewegung wachsen kann. Eine andere Aktivistin der Fridays-for-Future-Bewegung erzählt in einem Gespräch mit der Süddeutschen Zeitung am 27. September 2019, wie sehr sie selbst überrascht wurde. Sie studiert in Münster und berichtet von dort:

> 99 Wir Studenten haben davon eher beiläufig gehört: Da streiken Leute fürs Klima. Ich habe drei Leute in Münster gefunden, wo ich studiere. Wir haben eine WhatsApp-Gruppe gegründet und uns gesagt: Okay, lass auch mal streiken. Aber unser erster Streik war furchtbar: Wir standen da mit zehn Leuten im Nieselregen herum, es gab keine Musik und gar nichts. 66

Okay, dumm gelaufen. Man hätte jetzt auch aufgeben können. Taten die zehn aber nicht. Und wenige Wochen später fand dann der erste bundesweite Schulstreik statt. Auch in Münster.

„Wir in Münster hatten uns da immerhin eine Musikbox zugelegt, schrieben ganz viele Schulgruppen an und dachten: Na ja, vielleicht kommen diesmal hundert Leute. Und plötzlich kamen tausend Menschen. Wir waren total überfordert, weil wir noch nie eine Demo koordiniert hatten. Als dann die Kohlekommission tagte, waren es in Berlin aber schon 10.000 Leute. Dann entstanden Ortsgruppen, bundesweite Arbeitsgruppen."

Also:
Wenn dir etwas
nicht passt –
einfach loslegen.

Die Argumente kommen dann schon – in der Auseinandersetzung. Das Wissen auch. Wichtig sind Schwung, Energie und Elan. Franziska:

> **„** Dass ich jemals einen Bericht des IPCC lesen würde, des Intergovernmental Panel on Climate Change (Zwischenstaatlicher Ausschuss für Klimaänderungen oder auch Weltklimarat), hätte ich vor ein paar Jahren nie gedacht. Aber irgendwann war es nötig, zur Schärfung der eigenen Argumente. **"**

Aber es ging am Anfang auch ohne, denn ein Gefühl war da:

**Wut.
Wut und Empörung.**

#!&%!

Es war klar: Die Zukunft steht auf dem Spiel. Politiker und Politikerinnen haben etwas versprochen, was sie seit Jahren nicht einlösen: Wenn wir das in Paris vereinbarte Klimaziel erreichen wollen, zu dem sich die Staaten verpflichtet haben, müssen wir handeln. Und es ist Job der Politik, dafür vernünftige Vorschläge zu machen. Das hat sie aber bislang sträflich versäumt. Was in der Konsequenz die Zukunft der Kinder und Jugendlichen gefährdet. Das darf so nicht weitergehen.

Das reicht zunächst als Argument. Mehr braucht es nicht.

Und dieses Argument ist auch nur durch Handeln, nicht durch Reden von Politikern und Politikerinnen zu entkräften. So war es auch nur logisch, dass am 25. Januar 2019 bei einer großen Fridays-for-Future-Klimademonstration die Schüler und Schülerinnen dem Bundeswirtschaftsminister Peter Altmaier, der zu ihnen sprechen wollte, das Mikrofon verweigerten.

> **„** Wir sind hier, weil Sie Ihre Arbeit nicht ordentlich machen. **"**

Und als der Minister mit der Presse sprechen wollte, musste er sich von den Schülern anhören:

> **„** Wir wollen nicht, dass er redet, sondern dass er handelt, und das geht am besten im Ministerium. **"**

Da war ordentlich Wut und Empörung dabei. Wut und Empörung sind seltsame Gefühle. Sie können sehr zerstörerisch sein, sie können aber auch Positives bewirken. Denn sie sind **die** Gefühle, die uns auffordern, Veränderungen zu bewirken. Uns einzusetzen, und das ist natürlich etwas Gutes. Alles zu ertragen, gleichgültig gegenüber der Welt zu sein, ist schlecht – schlecht für einen selbst, schlecht für die Gesellschaft und damit auch die Welt.

Der Künstler Konstantin Wecker, nicht mehr ganz jung, aber immer noch voller Elan und im Kopf immer noch sehr frisch und jung, singt in seinem Lied „Empört euch":

„Empört euch, beschwert euch und wehrt euch, es ist nie zu spät! Empört euch, gehört euch und liebt euch, und widersteht! (...) Wir brauchen Spinner und Verrückte, es muss etwas passiern. Wir sehen doch, wohin es führt, wenn die Normalen regiern."

Er hat recht.

Denn vieles ist in den letzten Jahrzehnten erreicht worden. Das Frauenwahlrecht wurde den Frauen nicht geschenkt, sie mussten es sich erkämpfen. Auch die „Ehe für alle" kam nicht von allein. Die Apartheid in Südafrika wurde nicht freiwillig aufgegeben, und dass der ehemalige Gefangene Nelson Mandela dann Präsident wurde, ist dem zähen Kampf für gleiche Rechte zu verdanken, der weltweiten Empörung über die Zustände dort. Dass die Bürgerrechtler sich in Osteuropa durchsetzten und gemeinsam mit Millionen Menschen auf der Straße das sowjetische Imperium in die Knie zwangen, dass Atomraketen abgerüstet wurden und biologische und chemische Waffen verboten wurden, all das ist dem Einsatz unzähliger Menschen zu verdanken. Menschen, die hoffnungsvoll von einer anderen Zukunft träumten. Die wussten: Ein anderes Leben ist möglich. Die loslegten, die Sehnsucht und Hunger nach Veränderung trieb. Die wussten, dass diese Welt voller Fehler ist, dennoch aber schön und lebenswert. Und dass sie noch schöner und noch lebenswerter sein kann. Also: Leg los.

Immer dran denken:

Machen ist wie wollen. Nur krasser.

Einige Webseiten:

Fridays for Future:

➡️ www.fridaysforfuture.de

Rettet die Bienen:

➡️ **in Bayern:** www.volksbegehren-artenvielfalt.de
➡️ **in Baden-Württemberg:** www.volksbegehren-artenschutz.de

Plastikbecher raus aus Fußballstadien:

➡️ www.duh.de/becher

Die Periode ist kein Luxus:

➡️ www.change.org/p/die-periode-ist-kein-luxus-senken-sie-die-tamponsteuer-starkwatzinger-bmfsfj

Plant-for-the-Planet:

➡️ www.plant-for-the-planet.org/de/startseite

Serlo – Bildung für alle durchs Internet:

➡️ www.serlo.org

Onlinekampagnen:

➡️ weact.campact.de
➡️ openpetition.de
➡️ www.avaaz.org/page/de
➡️ www.change.org

Bundeszentrale für politische Bildung:

www.bpb.de

Landeszentralen bzw. Landesinstitute für politische Bildung:

Baden-Württemberg: www.lpb-bw.de

Bayern: www.blz.bayern.de

Berlin: www.berlin.de/politische-bildung

Brandenburg: www.politische-bildung-brandenburg.de

Bremen: www.lzpb-bremen.de

Hamburg: www.hamburg.de/politische-bildung

Hessen: www.hlz.hessen.de/start.html

Mecklenburg-Vorpommern: www.lpb-mv.de

Niedersachsen: www.demokratie.niedersachsen.de

Nordrhein-Westfalen: www.politische-bildung.nrw.de

Rheinland-Pfalz: www.politische-bildung.rlp.de/home.html

Saarland: www.politische-bildung.de/saarland.html

Sachsen: www.slpb.de

Sachsen-Anhalt: www.lpb.sachsen-anhalt.de

Schleswig-Holstein: www.politische-bildung.sh

Thüringen: www.lzt-thueringen.de

Danke!

All denen, ohne die wir dieses Buch nicht hätten schreiben können: den Interviewpartnern und Interviewpartnerinnen, die bereit waren, unsere Fragen zu beantworten, den Freundinnen und Freunden, die mit uns diskutierten, von deren persönlichen Erfahrungen wir profitiert haben, die uns unterstützen und immer wieder aufbauen. Danke an alle, die mithelfen, diese Welt zu verändern!

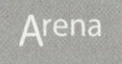

Ein Verlag in der **westermann** GRUPPE

www.blauer-engel.de/uz195
ressourcenschonend und
umweltfreundlich hergestellt
· emissionsarm gedruckt
· überwiegend aus Altpapier
Ml6
Dieses Druckprodukt ist mit dem Blauen Engel ausgezeichnet

MIX
Papier aus verantwor-
tungsvollen Quellen
FSC® C110508

1. Auflage 2020
© 2020 Arena Verlag GmbH,
Rottendorfer Str. 16, 97074 Würzburg
Alle Rechte vorbehalten
Text: Franziska und Günther Wessel
Illustrationen: Myriam Homberg
Covergestaltung: ZERO Werbeagentur, zero-media.net, München unter
Verwendung einer Grafik von © finepic, München
Gestaltung: Myriam Homberg, mh Grafik Atelier, Speyer
Liedtext Seite 8, 18, 26, 39, 47: © „Deine Schuld" - M/T: Farin Urlaub // Die Ärzte
Mit freundlicher Genehmigung der Edition Fuhuru // PMS Musikverlag GmbH
Liedtext S. 203: © „Empört euch" 2011 Sturm & Klang Musikverlag GmbH, Alisa Wessel
Musikverlag // M: Konstantin Wecker // T: Konstantin Wecker, Roland Rottenfußer

Gesamtherstellung: Westermann Druck Zwickau GmbH
Printed in Germany

ISBN 978-3-401-60539-5

Besuche den Arena Verlag im Netz:
www.arena-verlag.de